工业节能技术及应用案例

机械工业技术发展基金会
机械工业节能与资源利用中心　　**组编**

祁卓娅　王志雄　马小路　侯　觉　吴　怡

张　磊　袁俊洲　洪申平　邢　磊　栾　波　　**编著**

王耀伟　祁　涛　周庆余　甘书家　陈　程

机 械 工 业 出 版 社

本书系统阐述了典型工业领域的节能技术发展现状，主要分类介绍了2017年、2018年入选《国家工业节能技术装备推荐目录》的各项工业节能技术，并详细阐述了典型工业节能技术工程案例。本书主要内容包括工业节能技术发展及应用现状，化工行业节能技术及应用，钢铁与有色金属行业节能技术及应用，煤炭与电力行业节能技术及应用，建材行业节能技术及应用，机械行业节能技术及应用，电子、轻工及其他行业节能技术及应用和典型工业节能技术应用案例分析。本书对工业节能技术装备推广及工业企业开展节能技术改造具有重要的参考意义，也可为政府有关部门制定和出台加快工业节能技术推广与应用的政策措施提供重要依据。

　　本书可供工业企业的管理人员与技术人员，以及各行业节能监察中心、节能技术服务中心、专业研究机构的相关人员参考，也可作为相关专业在校师生的参考书。

图书在版编目（CIP）数据

工业节能技术及应用案例/机械工业技术发展基金会，机械工业节能与资源利用中心组编；祁卓娅等编著.—北京：机械工业出版社，2020.12
（2024.3重印）
　　ISBN 978-7-111-66707-0

Ⅰ.①工…　Ⅱ.①机…　②机…　③祁…　Ⅲ.①工业企业—节能减排—研究—中国　Ⅳ.①TK018

中国版本图书馆CIP数据核字（2020）第188204号

机械工业出版社（北京市百万庄大街22号　邮政编码100037）
策划编辑：陈保华　责任编辑：陈保华　王春雨
责任校对：朱继文　刘雅娜　封面设计：马精明
责任印制：郜　敏
北京富资园科技发展有限公司印刷
2024年3月第1版第5次印刷
169mm×239mm·12.5印张·166千字
标准书号：ISBN 978-7-111-66707-0
定价：79.00元

电话服务　　　　　　　　　网络服务
客服电话：010-88361066　　机　工　官　网：www.cmpbook.com
　　　　　010-88379833　　机　工　官　博：weibo.com/cmp1952
　　　　　010-68326294　　金　书　网：www.golden-book.com
封底无防伪标均为盗版　机工教育服务网：www.cmpedu.com

本书编委会

主 任 侯 睿

副主任 祁卓娅　王志雄

编 委 马小路　侯 觉　吴 怡　张 磊　袁俊洲

洪申平　邢 磊　栾 波　王耀伟　祁 涛

周庆余　甘书家　陈 程

前　言

　　为了加快先进适用节能技术产品的推广应用，推动绿色生产和绿色消费，确立一批可推广、可复制的技术应用案例和实践模式，机械工业技术发展基金会/机械工业节能与资源利用中心受工业和信息化部节能与综合利用司委托，开展了国家工业节能技术装备遴选及"能效之星"产品评价工作。经企业申报、各地工业和信息化主管部门及行业协会推荐、专家评审、网上公示，先后遴选产生了2017—2019年《国家工业节能技术装备推荐目录》。为推广入围的先进适用节能技术，引导行业企业及用户更加深入地了解并使用这些技术，向政府相关部门、金融及投资机构、行业组织提供技术信息，并为绿色金融、绿色信贷等财税政策提供技术指南，在工业和信息化部节能与综合利用司和行业专家的指导下，我们依托2017年、2018年两批《国家工业节能技术装备推荐目录》入围技术，组织部分典型技术提供企业共同编写了本书。

　　本书对目前典型工业领域节能技术的发展现状进行了梳理，分类介绍了78项工业节能技术，让读者更加深入地了解相关行业的前沿技术，并详细展开了部分工业节能技术应用案例，阐述了相关技术的原理、特点、行业评价及工程应用案例分析，同时简要介绍了技术提供企业的情况。

　　本书主要执笔人如下：

章序号	执笔人	执笔人单位
第1章	祁卓娅	机械工业技术发展基金会/机械工业节能与资源利用中心
	王志雄	
	马小路	
第2章	王志雄	
第3章	祁卓娅	
第4章	马小路	
第5章	吴　怡	
第6章	张　磊	
第7章	马小路	
	侯　觉	
第8章	侯　觉	
	袁俊洲	山东源根石油化工有限公司
	洪申平	亿昇（天津）科技有限公司
	邢　磊	
	栾　波	山东京博石油化工有限公司
	王耀伟	
	祁　涛	
	周庆余	深圳市风发科技发展有限公司
	甘书家	南宁恒安节电电子科技有限公司
	陈　程	

　　在本书出版之际，谨向全体编审人员及参加本书编写工作的有关单位和专家表示诚挚的谢意。由于本书内容涉及工业领域范围较广，难免有不妥处，希望读者批评指正，以便在今后工作中改进。

本书编委会

目　录

第1章

工业节能技术发展及应用现状

自 1900 年以来，世界人口已经增长四倍多，实际收入增长了 25 倍，一次能源消费增长了 22.5 倍，能源消费增长速度低于收入增长速度。2018 年，全世界 GDP 约为 86.41 万亿美元，一次能源消费总量 138.65 亿 t 油当量。其中，美国 GDP 为 20.58 万亿美元（占全世界的 23.8%），一次能源消费 23.006 亿 t 油当量（占全世界的 16.6%）；中国 GDP 为 13.89 万亿美元（占全世界的 16.1%），一次能源消费 32.735 亿 t 油当量（占全世界的 23.6%），是世界第一能源消费大国。如何破解经济增长与资源能源不足之间的矛盾，实现高效可持续发展，是当前亟待解决的现实问题。

过去四十年间，工业在我国经济腾飞中发挥了重要作用，2018 年工业领域对全国 GDP 的贡献超过 34%。工业领域涉及大量将物质资源转变为产品的制造、产品的使用和废弃物的处理过程。这些过程需要消耗大量的材料和能源，同时会对生态环境产生极大影响。工业节能与绿色发展已成为减轻资源环境压力、促进工业文明与生态文明和谐共融的重中之重，而通过技术进步实现节能与绿色发展是当前工作的关键所在。研究分析显示，技术进步对节能贡献率达到 40%~60%，因此大力推广先进适用的工业节能技术、推动工业节能技术进步，是提高能源利用率、缩小与国际先进水平差距的重要手段，是实现工业绿色发展乃至整个国民经济可持续发展的助推器。

1.1 工业节能减排形势严峻

能源是经济发展的基本保障，也是温室气体排放的重要来源，作为能源消耗大户的工业是我国推进节能减排的关键领域。随着经济的快速持续发展，我国能源消耗量与温室气体排放量逐年增加，工业生产导致能源消耗与温室气体排放问题尤为突出。与发达国家长期发展历程不同，我国工业化与现代化进程集中在较短时间内进行，这种集中式发展取得了极高的成就，但是在能源安全及环境保护等领域，也产生了不小的问题。除能源消耗总量大、增长迅速外，我国能源消费还表现出以煤为主的结构特征，这种能源消费结构加剧了我国温室气体排放量的持续增加。控制工业行业能源消耗总量，减少工业行业温室气体排放，关系到我国经济可持续发展进程，也是我国政府需要长期应对的一个重大问题。在全球气候变化问题与国内能源安全问题的双重压力下，工业节能减排刻不容缓。

2017 年，我国能源消费总量已经达到了 44.9 亿 t 标准煤，工业能耗占国内一次能源消耗的比例超过 60%，工业水资源消耗 1400 亿 m^3，占水资源消费总量的 1/4 左右。从单位 GDP 能源消耗来看，我国单位 GDP 能源消耗是世界平均水平的 1.5 倍，是美国的 2.2 倍，是日本的 2.7 倍，是英国的 3.5 倍。2018 年，能源消费总量 46.4 亿 t 标准煤，工业能耗占国内一次能源消耗的比例超过 60%，工业消耗水资源约 1400 亿 m^3，占水资源消费总量的 1/4 左右。工业又是污染物排放的源头，据统计 COD、氨氮、SO_2、氮氧化物四项的排放量，工业分别约占 13.2%、9.4%、83.7% 和 63.8%，烟尘占 80.1%，工业应对气候变化的压力十分巨大。同时，资源瓶颈日益凸显，铁矿石对外依存度达到了 85% 以上，石油对外依存度超过 60%，天然气对外依存度超过 35%。

2016—2018 年，规模以上企业单位工业增加值能耗累计下降

13.1%，完成"十三五"规划目标的73%；单位工业增加值用水量累计下降约19%，完成规划目标的80%；单位工业增加值 CO_2 排放累计下降约15%，完成规划目标的68%。虽然工业节能工作取得了较好进展，但面临的形势依然严峻，工业行业能源消耗及温室气体排放状况不容乐观，工业行业整体技术水平仍显落后。通过技术推广提高行业技术水平，降低行业能源消耗和 CO_2 排放，是我国工业节能减排工作在未来相当长的一段时期内要面临的重要难题。

1.2　工业节能技术现状

随着工业化进程的不断发展，我国工业技术水平已经有了很大提高，单位工业能源强度不断下降，工业能耗总量在增加并开始趋于稳定。但是，钢铁、石化、电力、建材等高耗能行业在政策驱动下带来的节能空间在减小，淘汰落后产能等刚性节能措施的潜力愈发有限。随着行业结构调整与技术调整幅度加大，未来节能技术仍将在保证工业能耗达标、挖掘节能潜力和实现绿色转型发展上发挥重要作用。通过节能技术进步，推进以企业为主体的自主创新体系和创新型行业建设，不断增强自主技术创新能力，从源头上解决资源环境可持续发展的瓶颈问题，是实现产业结构调整和技术升级的重要手段。

1. 钢铁行业

钢铁行业是能源依赖性高、排放量大的基础性行业，是各国节能减排的重点行业。2016年，全国能源消费总量43.6亿t标准煤，钢铁行业直接能源消耗已经占到总体能源消耗的15%以上。为了能推动我国钢铁产业持续健康发展，一方面需要保证钢铁产量满足国民经济的增长和民生需求，另一方面需要减少能源消耗和 CO_2 排放量来达到可持续的绿色生产，《钢铁工业调整升级规划（2016—2020年）》《携手构建合作共赢、公平合理的气候变化治理机制》要求到2020年，我国钢铁产业能源消耗总量比2016年下降10%以上；2030年，我国单位

国内生产总值 CO_2 排放比 2005 年下降 60%~65%。我国钢铁行业必须通过推进节能技术装备应用来降低能源消耗和 CO_2 排放，同时保证我国国民经济发展的用钢需求。

钢铁工业按生产工艺可以划分为长流程和短流程两种，其中长流程工艺在我国钢铁行业占据绝对支配地位。长流程钢铁生产工艺主要包括炼焦—烧结—高炉炼铁—转炉炼钢—连铸—热轧—冷轧七个步骤。长流程工艺以铁矿石为原料，通过烧结形成球团，在高炉中和焦炭高温炼铁，之后将铁液引流至转炉中注入氧气进行炼钢，然后是连铸、轧钢流程。目前，国家鼓励的适用于钢铁行业的节能技术主要有：烧结余热能量回收驱动技术，新型纳米涂层上升管换热技术，高温高压干熄焦装置，钢铁行业烧结余热发电技术，转炉煤气干法回收技术，蓄热式转底炉处理冶金粉尘回收铁锌技术，无旁通不成对换向蓄热燃烧节能技术，炼焦煤调湿风选技术，钢铁行业能源管控技术，高炉鼓风除湿节能技术，加热炉黑体强化辐射节能技术，钢液真空循环脱气工艺干式（机械）真空系统应用技术，炭素环式焙烧炉燃烧系统优化技术，环冷机液密封技术，旋切式高风温顶燃热风炉节能技术，中低温太阳能工业热力应用系统技术，燃气轮机值班燃料替代技术，冶金余热余压能量回收同轴机组应用技术，全密闭矿热炉高温烟气干法净化回收利用技术，大型焦炉用新型高导热高致密硅砖节能技术，高炉冲渣水直接换热回收余热技术，焦炉炭化室荒气回收和压力自动调节技术，烧结废气余热循环利用工艺技术，无引风机无换向阀蓄热燃烧节能技术，焦炉荒煤气显热回收利用技术，基于炉腹煤气量指数优化的智能化大型高炉节能技术等。

2. 石化行业

石化行业是我国重要的能源和基础原材料行业，同时也是原油、煤炭等不可再生资源消耗量巨大以及排放污染的重点关注行业。我国石化行业经过多年的快速发展，石化产品在产能、产量、品种和技术水平上都已达到相当的规模和水平，成为我国国民经济的支柱产业。

据国家统计局数据，截至 2018 年年末，石化行业规模以上企业 27813 家，主营业务收入 12.40 万亿元，增长 13.6%；利润总额 8393.8 亿元，增长 32.1%；分别占全国规模工业主营业务收入和利润总额的 12.1% 和 12.7%；资产总计 12.81 万亿元，占全国规模工业总资产的 11.3%。我国已成为世界第一大化工生产国、第二大石油和化学工业生产国，多种产品的产量位居世界第一。随着经济全球化速度加快，石化行业超常发展，一方面推动了工业化结构调整与升级，另一方面也面临着日益严重的能耗和环境污染问题。石化行业既是能源生产大户，又是能源消费大户，还是主要产生工业污染的行业之一，其能源消费量在 3 亿 t 标准煤以上，约占工业能源总消费量的 25%；排放的废水、废气和固体废弃物均名列各个工业部门的前列。能源对化学工业既是燃料、动力，又是原材料。作为能源消费的大户，我国化工行业每年能源消费量占全国消费总量的 10%~20%。在化工产品成本中，能源通常占到 20%~30%，高耗能产品甚至达到 60%~70%。

石化行业是技术密集型产业，节能减排对行业科技进步和技术创新提出了更高、更迫切的要求。近年来，石化行业围绕节能减排，加速推进节能技术的研发和应用，鼓励企业采用先进的节能、环保技术和装备，实施余热余压利用、节约和替代石油、能量系统优化等技术改造项目，严格控制新建高耗能、高污染项目，提高企业能源利用率、减少污染物排放。鼓励有条件的企业积极开展能源管理体系和环境管理体系认证，加强石化行业企业能源审计和能源统计工作，建立和完善石化行业节能减排信息监测系统，对支撑和促进石化行业的节能减排和可持续发展发挥了重要的作用。目前，国家鼓励的适用于石化行业的节能技术主要有：冷却塔水蒸气深度回收节能技术，高效大型水煤浆气化技术，变换气制碱及其清洗新工艺技术，先进煤气化节能技术，新型高效膜极距离子膜电解技术，顶置多喷嘴粉煤加压气化炉技术，模块化梯级回热式清洁燃煤气化技术，封闭直线式长冲程抽油机节能技术，油田采油污水余热综合利用技术，氯化氢合成余热利用技术，节能型尿素生产技术，煤气化多联产燃气轮机发电技术，新型吸收式热变换器技术，溶剂萃取法精制工业磷酸技术，石化企业能源平衡与优化调度技术，芳烃装置低温热回收发电技术，黄磷生产过程余热利用及尾气发电（供热）技术，高压高效缠绕管换热技术，等温变换节能技术，硝酸生产反应余热余压利用技术，水平带式真空滤碱节能技术，车用燃油清洁增效技术，大型往复式压缩机流量无级调控技术，高效降膜式蒸发节能技术等。

3. 煤炭及电力行业

为了满足经济发展的需要，我国的煤炭产量逐年增加。2016 年，我国煤炭消费总量为 27.03 亿 t，煤炭工业在我国国民经济建设中发挥着重要作用。然而，煤炭在促进经济发展的同时，带来了严重的环境污染。煤炭在开采过程中，会产生矿井水等工业废水，矿井水排出会破坏周围的生活环境和污染河流；煤炭开采后，如果不及时填充采空区，会造成地表沉陷，损害矿区的地表植被，加剧水土流失；煤炭在生产和燃烧过程中，也会产生有害气体以及煤矸石、煤灰等工业固体废物。煤矸石含碳量低，平均每采 10t 煤，就会产生 1.5t 的煤矸石，长期堆积会引起自燃。另外，煤炭在燃烧过程中，会产生细小颗粒物，增加雾霾天气的出现次数，直接影响社会可持续发展和人们的身体健康。当前，煤炭燃烧带来的 CO_2 排放占我国能源总碳排放的 80% 以上，SO_2 排放占我国 SO_2 总排放量的 90% 以上，NO_x 排放占我国 NO_x 总排放量约为 50%，对环境尤其是大气环境造成了极大影响。

国家发改委发布《煤炭工业发展"十三五"规划》提出，到 2020 年，资源综合利用水平提升，煤层气（煤矿瓦斯）产量 240 亿 m^3，利用量 160 亿 m^3；煤矸石综合利用率 75% 左右，矿井水利用率 80% 左右，土地复垦率 60% 左右。原煤入选率 75% 以上，煤炭产品质量显著提高，清洁煤电加快发展，煤炭深加工产业示范取得积极进展。大力推行煤炭绿色开采，发展煤炭洗选加工，推进千万吨级先进洗选技术装备研发应用，降低洗选过程中的能耗、介耗和污染物排放。推进重点耗煤行业节能减排，发展清洁高效煤电，提高电煤在煤炭消费中的比例。采用先进高效脱硫、脱硝、除尘技术，全面实施燃煤电厂超低排放和节能改造，加大能耗高、污染重煤电机组改造和淘汰力度。应用推广先进适用技术，以提高效率为核心，应用推广煤田高精度勘探、深厚冲积层快速建井、岩巷快速掘进、高效充填开采、智能工作面综采、薄煤层开采、干法选煤、矿井水和矿井热能利用、中低浓度瓦斯利用、高效低排放煤粉工业锅炉等先进工艺技术，鼓励应用煤机再制造产品和技术。加强煤炭集成创新，推动物联网、大数据、云计算等现代信息技术在煤炭行业的集成应用，服务煤炭生产、灾害预防预警、煤炭物流、行业管理等工作。

电力工业作为我国能源生产和消费的重要产业之一，在我国经济可持续发展、提升综合国力、改善城乡人民生活质量、建设和谐社会等方面起着举足轻重的作用，同时电力工业的节能减排成效也直接关系到国家节能减排目标能否顺利实现。我国电力工业能源利用率水平偏低，受一次能源结构等因素的影响和制约，2018年我国的火力发电总量49231亿$kW \cdot h$，约为全国发电总量的70%以上。截至2018年年底，全国全口径发电装机容量190012万kW，比2017年增长6.5%；全国电网35kV及以上输电线路回路长度189万km，比2017年增长3.7%，全国电网35kV及以上变电设备容量70亿kVA，比2017年增长5.4%；达到超低排放限值的煤电机组约8.1亿kW，约占全国煤电总装机容量80%。2018年，全国全社会用电量69002亿$kW \cdot h$，比2017年增长8.4%。2018年，全国6000kW及以上火电厂平均供电标准煤耗307.6g/（$kW \cdot h$），比2017年下降1.8g/（$kW \cdot h$），煤电机组供电煤耗继续保持世界先进；厂用电率4.70%，比上年下降0.10%。全国线损率6.21%，比2017年下降0.27%。全国单位火电发电量CO_2排放约为841g/（$kW \cdot h$），单位发电量CO_2排放约为592g/（$kW \cdot h$）。

目前，国家鼓励的适用于电力行业的节能技术主要有：大型火电机组液耦调速电动给水泵变频改造技术，高效节能燃烧器技术，火电厂凝汽器真空保持节能系统技术，配电网全网无功优化及协调控制技术，新型节能导线应用技术，超临界及超超临界发电机组引风机小汽轮机驱动技术，可控自动调容调压配电变压器技术，全光纤电流/电压互感器技术，冷却塔用离心式高效喷溅装置，大型供热机组双背压双转子互换循环水供热技术，回转式空气预热器密封节能技术，基于快速涡流驱动及短路识别的电网运行控制技术，基于架空地线绝缘接地方式的交流输电线路节能技术，大容量高参数褐煤煤粉锅炉技术，高效利用超低热值煤矸石的循环流化床锅炉技术，中小型汽轮机节能技术，基于凝结水调负荷的超超临界机组协调控制技术，富氧双强点火稳燃节油技术等。

4. 建材行业

建材行业是我国国民经济建设的重要基础原材料产业之一，按照国家统计局的现行统计口径，建材行业主要包括平板玻璃及加工、建筑卫生陶瓷、房建材料、非金属矿及其制品、无机非金属新材料等领域。据中国建筑材料联合会统计，2017年，中国建材行业总产值达到5.9万亿元人民币，利润总值3900亿元人民币。作为传统行业的建材行业，一直是仅次于冶金、化工行业的第三大耗能大户，加快研发并推广应用先进节能技术，是建材行业节能工作的重点。

目前，国家鼓励的适用于建材行业的节能技术主要有：串联式连续球磨机及球磨工艺，陶瓷纳米纤维保温技术，全氧燃烧技术，富氧燃烧技术，Low-E节能玻璃技术，预混式二次燃烧节能技术，高固气比水泥悬浮预热分解技术，预应力高强混凝土管桩免蒸压技术，层烧蓄热式机械化石灰立窑煅烧节能技术，高效优化粉磨节能技术，钛纳硅超级绝热材料保温节能技术，烧结砖隧道窑辐射换热式余热利用技术，新型干法水泥窑生产运行节能监控优化系统技术，水泥企业可视化能源管理系统技术，新型水泥预粉系统磨节能技术，浮法玻璃炉窑全氧助燃装备技术，建筑陶瓷薄型化节能技术，无动力防卡筛及配套骨料前端砂石同产工艺技术，智能调节透反射率节能玻璃膜技术，水泥熟料烧成系统优化技术，建筑陶瓷制粉系统用能优化技术，陶瓷纳米纤维保温技术，智能连续式干粉砂浆生产技术，串联式连续球磨机及球磨工艺节能技术，低辐射玻璃隔热膜及隔热夹胶玻璃节能技术等。

5. 机械行业

机械行业是工业化的先导和基础产业部门，是科学技术物化的基础产业，一个国家没有世界先进水平的机械工业，就不可能有世界先进水平的制造业，也难以成为世界工业强国。从工业化国家的情况看，经济结构的优化和产业结构的升级，均须靠高新技术装备来实现。因此，尽管各国产业结构互有差异，但无不拥有强大的机械工业，并十分注重机械工业的优先发展，即使在工业化完成以后，也没有任何一个国家放弃努力，以求机械工业的进一步发展。随着机械工业的进一步发展，先进机械工业产品通过其强大的渗透性，可以大大提高其他产业发展的效率；机械工业节能工作不仅仅影响本行业与制造业，更是影响着整个国民经济的绿色发展。经过多年的发展，我国已建成了门类齐全的机械工业生产体系，包括汽车、电工电器、石化通用、机床工具、工程机械、农业机械、机器人等 14 个大类、49 个中类、146个小类。2018 年，机械工业累计实现主营业务收入 21.38 万亿元、利润总额 1.45 万亿元，主要经济指标在全国工业中占比超过 20%。从能源消耗情况来看，2016 年，机械工业能源消耗量共计为 16578 万 tce（吨标准煤当量，按我国标准计算，1tce = 293 亿 J），仅占全国工业能源消耗总量的 7.92%，而同期机械工业主营业务收入占全国工业主营业务收入的 21%。

目前，国家鼓励的机械行业的节能技术主要有：机床用三相电动机节电器技术，空压机节能驱动一体机技术，频谱谐波时效技术，高效节能电动机用铸铜转子技术，稀土永磁盘式无铁心电机技术，电子膨胀阀变频节能技术，曲叶型系列离心风机技术，自密封旋转式管道补偿节能技术，基于低压高频电解原理的循环水系统防垢提效节能技术，永磁涡流柔性传动节能技术，工业微波/电混合高温加热窑炉技术，数字化无模铸造精密成形技术，低压工业锅炉高温冷凝水除铁技术，新型桥式起重机轻量化设计节能技术，磁悬浮离心式鼓风机技术，两级喷油高效螺杆空气压缩机技术，智能真空渗碳淬火技术，锅炉燃烧温度测控及性能优化系统，三相工频感应电磁锅炉技术，板形叶片高效离心风机模型优化设计技术，基于电磁平衡调节的用户侧电压质量优化技术，绕组式永磁耦合调速器技术等。

1.3　工业节能技术推广政策

1. 国家工业节能技术推广政策

为推进工业节能工作进展，"十三五"以来，国家有关部门相继发布了一系列文件，将推动工业节能，尤其是工业重点用能设备的能效提升及节能技术的推广，作为我国节能减排工作的重点领域和任务，提出了发展方向、目标及重点工程和行动计划：

1）明确节能目标。"十三五"节能减排综合工作方案提出，到2020年，全国万元国内生产总值能耗比2015年下降15%，能源消费总量控制在50亿tce以内。到2020年，煤炭占能源消费总量比例下降到58%以下，电煤占煤炭消费量比例提高到55%以上，非化石能源占能源消费总量比例达到15%，天然气消费比例提高到10%左右。到2020年，工业能源利用率和清洁化水平显著提高，规模以上工业企业单位增加值能耗比2015年降低18%以上，电力、钢铁、有色、建材、石油石化、化工等重点耗能行业能源利用率达到或接近世界先进水平。推广高效烟气除尘和余热回收一体化、高效热泵、半导体照明、废弃物循环利用等成熟适用技术。遴选一批节能减排协同效益突出、产业化前景好的先进技术，推广系统性技术解决方案。工业绿色发展规划（2016—2020年）提出，到2020年，规模以上企业单位工业增加值能耗比2015年下降18%，单位工业增加值用水量比2015年下降23%。

2）加快重点领域节能技术设备推广应用。对于重点领域节能技术设备的推广应用，各个政策文件都针对重点用能设备提出了相应任务。《中国制造2025》指出，持续提升电机、锅炉、内燃机及电器等终端用能产品能效水平。"十三五"节能减排综合工作方案提出，加快高效电机、配电变压器等用能设备开发和推广应用，推广高效热交换器，提升热交换系统能效水平。"十三五"国家战略性新兴产业发展规划指出，鼓励研发高效节能设备（产品）及关键零部件，发布节能产品和技术推广目录。"十三五"节能环保产业发展规划提出，推进高效环保的循环流化床、工业煤粉锅炉及生物质成型燃料锅炉等产业化。工业绿色发展规划（2016—2020年）提出，继续发布《节能机电设备（产品）推荐目录》和《能效之星产品目录》。

3）实施相关工程及行动计划。各个政策文件对于加快重点用能设备的节能推广工作，从不同角度提出了多项工程及行动计划。"十三五"国家战略性新兴产业发展规划提出，实施燃煤锅炉节能环保综合提升工程、电机拖动系统能效提升工程。"十三五"节能环保产业发展规划提出，实施高效节能产品推广量倍增行动，组织实施能效、水效、环保领跑者行动；修订完善节能节水、环境保护专用设备企业所得税优惠目录。工业绿色发展规划（2016—2020年）提出，继续推进锅炉、电机、变压器等通用设备能效提升工程，组织实施空压机系统能效提升计划。"十三五"全民节能行动计划提出，选择量大面广、节能潜力大、基础条件好的工业设备，实施能效领跑者引领行动；发布高效节能锅炉推广目录；实施电机系统能效提升工程。"十三五"机械工业节能规划提出，将终端用能设备能效提升计划扩展到风机、泵、电焊机、干燥设备等产品。

4）制修订重点节能技术装备标准。"十三五"国家战略性新兴产业发展规划指出，要制修订强制性能效和能耗限额标准，加快节能科技成果转化应用。"十三五"节能环保产业发展规划指出，扩大标准覆盖范围，加快制修订产品生产过程的能耗、水耗、物耗以及终端产品全生命周期的能效、水效和环境标志等标准。工业绿色发展规划

（2016—2020 年）指出，加快能耗、水耗、碳排放、清洁生产等标准制修订；加强强制性标准实施的监督评估，开展实施效果评价，建立强制性标准实施情况统计分析报告制度。工业节能与绿色标准化行动计划（2017—2019 年）指出，重点在终端用能产品能效水效等领域制定一批节能与绿色技术规范标准；针对部分重点行业和重点用能设备标准标龄超过三年、不能体现技术和能效进步、无法适应工业绿色发展新要求等问题，缩短复审周期，加快修订更新一批工业节能与绿色标准。"十三五"机械工业节能规划提出，建立能效标准体系，充分发挥能效标准在行业中的规范、引领、倒逼作用，加快推进工业装备自愿性联盟能效标准工作体系的建立。

5）完善节能技术装备推广机制。"十三五"国家战略性新兴产业发展规划指出，完善能效标识制度和节能产品认证制度。工业绿色发展规划（2016—2020 年）指出，要加快建立自我评价、社会评价与政府引导相结合的绿色制造评价机制；开展绿色产品评价试点；强化绿色评价结果应用，建立实施能效、水效和环保领跑者制度，逐步建立评价结果与绿色消费的衔接机制。"十三五"全民节能行动计划提出，要完善节能产品推广政策机制，健全节能产品认证制度，引导消费者购买高效节能产品；完善《节能节水专用设备企业所得税优惠目录》，进一步落实节能节水专用设备投资抵免企业所得税优惠政策；发布《节能节水和环境保护专用设备企业所得税优惠目录（2017 年版）》，对企业购置并实际使用节能节水和环境保护专用设备享受企业所得税抵免优惠政策的适用目录进行适当调整；发布《国家鼓励的工业节水工艺、技术和装备目录（第二批）》。

2. 地方节能推广配套措施

为贯彻落实国家生态文明建设理念，加快推进工业绿色化转型，各地方部门积极组织推广应用先进适用工业节能技术，明确工业节能及绿色发展工作的重点领域和任务，大力推进工业节能技术的推广应用。

1）制定实施方案，明确重点任务。如浙江省印发《浙江省绿色制造体系建设实施方案（2018—2020)》，组织开展绿色工程、绿色设计产品、绿色园区和绿色供应链管理示范企业创建工作；印发《关于加强全省工业节水工作的通知》，积极推进全省工业节水工作，牵头做好"五大高耗水行业"节水型企业建设工作。河北省制定印发《河北省实施绿色制造推进工业转型升级工作方案》，确定了加快提升绿色产品设计能力、全面推进绿色化生产过程、加快构建绿色制造体系、加强绿色制造支撑能力建设四大重点任务。江西省制定出台《江西省工业绿色发展三年行动计划（2016—2018)》《江西省绿色制造体系建设实施方案》。

2）实施试点示范，提高能效水平。如浙江省实施百项绿色制造技术改造重点示范项目，推广应用一批绿色制造先进技术、工艺和装备，提高制造业绿色化水平。广东省加强重点用能单位节能管理，在水泥、玻璃、造纸、钢铁、纺织、石化、有色金属这7个重点行业持续开展能效对标工作，引导企业通过对标达标成为行业"领跑者"。河北省在钢铁、化工、建材、机械、汽车、电子信息等行业打造一批绿色制造先进典型，发挥示范带动作用，引领相关领域工业绿色转型。黑龙江省组织开展高耗能行业能效"领跑者"遴选活动。湖北省鼓励高耗水企业开展节水型企业建设，指导工业企业开展节水对标达标，实施水效领跑者引领行动。江西省推进绿色改造，在钢铁、水泥等行业引导企业应用高频炉顶压差发电、余热余压发电、煤气回收利用、蓄热式燃烧等绿色技术；开展重点用能设备能效提升行动，支持高效电机更换替代和电机系统能效提升改造项目建设。内蒙古自治区配合开展"节能服务进企业"活动，推动焦炉上升管荒煤气显热回收等先进适用技术转化应用，推动包头市北方稀土永磁高效电机基地落成。宁波市推进能效提升专项行动，以石化、钢铁、造纸等长流程、高耗能行业为重点，开展电机设备能效提升专项行动、空压机系统诊断优化行动、余热余压高效利用专项行动等。宁夏回族自治区组织开展传统产业提升和新兴产业提速工程，组织实施了一批节能项目，加快推进先进装备制造、现代纺织、电子制造、特色消费品等低能耗产业发展。山东省深入实施"工业绿动力计划"，至 2018 年 7 月，实施高效环保锅炉改造项目 9 个、"太阳能+"多能互补热利用项目 146 个、绿色照明改造项目 29 个。

3）组织宣传活动，加强节能技术推介。如浙江省针对造纸、印染等重点高耗能行业，分别在宁波市、嘉兴市等地组织开展行业节能、清洁生产等先进技术、产品推介会 8 场次。安徽省公开发布工业领域节能环保产业"五个一百"推介目录，成功举办第七届安徽省工业节能环保新技术新产品新装备推介会。黑龙江省发布《2018 黑龙江省节能先进技术、产品推荐目录》，组织召开工业节能先进技术、装备推介会。湖南省举办湖南（郴州）节能减排和新能源博览会，以及 2018 年湖南省节能宣传周、低碳日启动活动，节能宣传活动不断深入。内蒙古自治区建立项目库并实行动态管理，发布《内蒙古自治区 59 项重点节能低碳技术推广目录》。山东省扎实开展节能服务进企业活动，搭建对接平台，举办全省节能环保产业重点项目银企对接活动，推介节能环保产业重点项目 152 个；召开第十一届热电行业发展论坛暨热电技术推介会。

4）完善奖补机制，鼓励节能技术改造。安徽省运用制造强省建设资金对一批节能环保"五个一百"优秀企业项目、绿色工厂和绿色产品给予奖补，2018 年共计 9420 万元。贵州省设立工业及省属国有企业绿色发展基金，重点支持"千企改造"工程，大力推动工业企业技术改造，节能、清洁生产、资源综合利用项目和园区基础设施建设，促进高质量发展。黑龙江省 2018 年 16 个节能项目获得省政府专项奖励资金共计 1600 万元。吉林省推进工业节能改造，2016 年以来，重点产业发展专项资金共支持节能技术改造等项目 152 个，落实扶持资金 9000 万元。江西省利用升级节能资金以贴息方式支持节能新技术推广应用项目建设；协调省政府注资 9000 万元，组织实施了工业企业节能技改贷款风险补偿金项目。内蒙古自治区利用重点产业发展节能技术改造资金，对节能技术改造项目按照 300 元/tce 的标准给予奖励。青海省全面推进传统行业节能技术改造，2016—2018 年省级财政投入 1.38 亿元，重点支持各类项目 119 项，其中 2018 年安排资金 6000 万元，支持重点项目 43 个。上海市组织开展节能攻坚"百一行动"（技改节能量达到上年度用能量的 1%），支持 116 项重点项目，节能量 8.77 万 tce，拨付政策资金 5235 万元。深圳市大力实施工商业电机能效提升专项，近年来先后组织实施了 14 批电机能效提升工作，共下发补助资金 6880 万元，共有 52.11 万 kW 的电机能效得到有效提升，总节能量折合标煤约 2.6 万 t，节能效果显著。天津市重点节能工程扎实推进，2018 年投入财政资金 4000 万元，带动社会投资 2.9 亿元，组织实施了 20 项重点节能技术改造，节约 9.2 万 tce。

5）推进节能标准制修订，规范行业发展。湖南省 2018 年组织编制 3 项节能地方标准，节能标准体系不断完善。江西省制修订了钢铁、建陶等 14 个高耗能行业地方能耗限额标准。青岛市高度重视在研发新技术、推广新工艺的过程中承担或组织有关绿色标准的起草工作，发挥绿色标准在促进制造业绿色转型和规范行业发展秩序等方面具有突出作用，鼓励企业参与或主导绿色标准的制修订工作。

3. 工业节能技术装备推广目录

目前，工业经济发展步入新常态，供给侧结构改革去产能、去库存、去杠杆、降成本、补短板五大重点工作时间紧任务重，亟须进一步深化工业节能减排工作给予有效支撑。编制政策引导性目录，在工业生产中广泛推广技术水平先进、质量可靠、节能效果显著的中高端产品和技术，可切实促进工业行业供给侧调结构任务的顺利完成。

2009—2016 年，工业和信息化部节能与综合利用司编制发布了共七批《节能机电产品（设备）推荐目录》（以下简称《推荐目录》）和五批《"能效之星"产品目录》，涉及风机、泵阀、压缩机、制冷（空调）、塑料机械、热处理机械（电炉）、电焊机、交流接触器、内燃机、变压器、电机、工业锅炉等十大行业共计479个（系列）型号产品。其中《"能效之星"产品目录》是在一级能效的基础上优中选优技术领先产品，是工业节能产品的"领头羊"，引领着高端技术产品的发展方向。根据申报材料提供的数据初步估算，"十二五"期间，工业节能设备（工业锅炉、电机等）的市场占有量，平均较"十一五"时期提升了约15%，生产成本降低了约10%，规模以上企业单位工业增加值能耗下降约5%。2017年、2018年，相继发布了《国家工业节能技术装备推荐目录（2017)》《国家工业节能技术装备推荐目录（2018)》，其中技术部分涉及钢铁、有色、石油化工、煤炭、电力等多个行业，共78项节能技术。《推荐目录》的连续发布得到了行业专家和企业的认可与积极响应，得到了用户和设计单位的广泛好评与充分重视，为工业设备招投标评价提供了具体指标，为生产项目设计建设提供了可靠的参考，为完成工业节能减排、淘汰落后产能任务提供了重要保障，为引导制造业转型发展发挥了重要作用。此外，国家发展和改革委员会于2014—2018年相继发布了4批《国家重点节能低碳技术推广目录》。

第2章

化工行业节能技术及应用

2.1 碳纤维复合材料耐腐蚀泵节能技术

1. 技术适用范围

碳纤维复合材料耐腐蚀泵节能技术适用于还原性腐蚀性介质的输送领域。

2. 技术原理及工艺

泵体、叶轮均采用碳纤维增强树脂基材料，材料的强度高、重量轻，可实现比金属泵更好的水力模型及更低的价格、比塑料泵具有更好的耐蚀性且具有其3倍以上的使用寿命；采用模压热固化成型，线胀系数低，泵体、叶轮表面粗糙度值低、同心度好，减少了泵内介质的运行阻力，同时采用6叶片设计，效率比金属泵高2%~5%，比塑料泵高40%左右。工艺路线如下：模具—料片剪裁—铺贴—预成型—热固化—脱模—检验—入库。

3. 应用案例

2013年，侯马北铜铜业有限公司"空塔、填料塔设备净化系统项目"采用了该技术，项目投资40万元，建设周期2个月，技术提供单位为大连富鼎碳素装备有限公司。项目将整个硫酸车间净化系统的泵全部换成碳纤维泵，实现综合节能量194tce/a，CO_2减排量

463t/a。

4. 未来 5 年推广前景及节能减排潜力

预计未来 5 年，碳纤维复合材料耐腐蚀泵节能技术推广比例达到 20%，1 万台左右碳纤维复合材料耐腐蚀泵投入使用，可形成综合节能量 8.85 万 tce/a，CO_2 减排量 23.15 万 t/a。

2.2 高效降膜式蒸发设备节能技术

1. 技术适用范围

高效降膜式蒸发设备节能技术适用于化工行业乙二醇、乙醇胺、己内酰胺、聚碳酸酯、腈纶、氯碱等的生产工艺。

2. 技术原理及工艺

高效降膜式蒸发器（再沸器）管箱采用单级或多级结构的液体分布盘，使液位更稳定、液体分布更均匀，如图 2-1 所示。采用旋流式分布器定位内部换热管，避免出现换热管内偏流、干点等现象，保证了液膜的稳定、均匀分布。换热管可采用光管，也可采用外表面纵槽管，管外也可以传热强化。与普通热交换器相比，传热效率提高 40%，减少蒸汽用量 30%，使用周期内可免清洗。

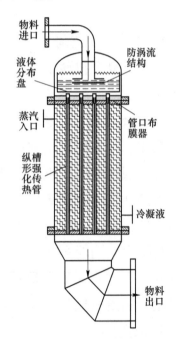

图 2-1　高效降膜式蒸发设备节能技术原理及工艺

3. 应用案例

上海石化乙二醇装置降膜式再沸器节能技术改造项目成功使用了该项技术，项目投资额 240 万元，投资回收期为 0.74 年，技术提供单位为华东理工大学。项目对上海石化乙二醇装置精制工段乙二醇、二乙二醇、多乙二醇塔底及三台传统再沸器进行了技术改造，实现节约蒸汽 27200t/a，蒸汽用量减少 30% 以上，实现节能量 2638tce/a，CO_2 减排量 6965t/a。

4. 未来 5 年推广前景及节能减排潜力

预计未来 5 年，高效降膜式蒸发设备节能技术推广比例达到 30%，30 套高效降膜式蒸发器设备投入使用，实现节能量 31.2 万 tce/a，CO_2 减排量 82.4 万 t/a。

2.3　含纳米添加剂的节能环保润滑油

1. 技术适用范围

含纳米添加剂的节能环保润滑油适用于润滑油性能优化。

2. 技术原理及工艺

润滑油中的纳米添加剂可使发动机摩擦系数降低，减少发动机功率内耗，增大有效功率；多种纳米添加剂具有极佳的自动填充修复功能（填充凹凸不平金属表面），可增强发动机气缸的密封性，使气缸窜气和气缸压力损失得到最大限度的控制，使燃烧更为充分，发动机额定功率得以充分发挥。根据实验数据测算，可提高内燃机效率 4% 左右，节能减排效果明显。

3. 应用案例

山东小松油品有限公司润滑油生产工艺改进项目成功使用了该项技术，项目投资额 1500 万元，建设周期 1 年，技术提供单位为山东源根石油化工有限公司。项目对添加剂调和系统进行技术改造，将传统机械搅拌改造为国际领先的脉冲调和系统，实现年产含纳米添加剂的润滑油 1.5 万 t，节能率 4%，可实现年节能量 5.5 万 tce/a，CO_2 减排量 14.5 万 t/a，尾气排放 CO 下降 59.1%。

4. 未来 5 年推广前景及节能减排潜力

预计未来 5 年，含纳米添加剂的节能环保润滑油推广比例达到

10%，节能环保润滑油需求量 40 万 t/a，实现节能量 172 万 tce/a，CO_2 减排量 455 万 t/a。

2.4 蓄热式电石生产新工艺

1. 技术适用范围

蓄热式电石生产新工艺适用于电石生产行业。

2. 技术原理及工艺

通过耦合预热炉热解技术和电石生产技术，降低原料成本，提高电石生产速率；采用高效热解技术提取中低阶煤中的油气产品，提高工艺的经济性；热解产生的高温固体球团携带显热直接输送至电石炉，充分利用热解固体的显热，降低电石生产的电耗。工艺流程如图 2-2 所示。

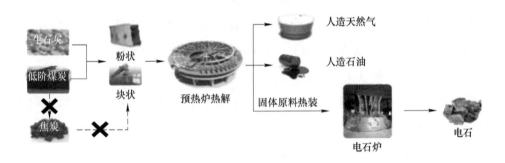

图 2-2 蓄热式电石生产新工艺流程

3. 应用案例

内蒙古自治区港原化工有限公司"6×33MVA 电石炉技改年产 1 亿 m³（标态）LNG 项目"成功使用了该技术，主要设备投资 16044 万元，建设周期 1 年，技术提供单位为神雾环保技术股份有限公司。项目改造了"42 万 t/a 电石—1 亿 m³/a LNG"生产线，改造完成后，电石生产电耗 2819.3kW·h/t，与改造前相比节电 707.8kW·h/t，可实现节能量 1057.5 万 tce/a, CO_2 减排量 2791.8 万 t/a。

4. 未来 5 年推广前景及节能减排潜力

预计未来 5 年,蓄热式电石生产新工艺推广比例达到 36%,将推广到 2000 万 t/a 的电石生产线应用,可实现节能量 470 万 tec/a, CO_2 减排量 1240 万 t/a。

2.5　硝酸装置蒸汽及尾气循环利用能量回收机组系统技术

1. 技术适用范围

硝酸装置蒸汽及尾气循环利用能量回收机组系统技术适用于石化行业,双加压法硝酸生产装置领域。

2. 技术原理及工艺

采用汽轮机、NO_x 压缩机、齿轮箱、轴流压缩机和尾气透平组成的回收系统,回收硝酸装置产生的蒸汽及尾气。通过汽轮机回收氨氧化的反应热并拖动整个机组运行,NO_x 压缩机加压氧化炉中的氮氧化并回收 NO_2,尾气透平回收 NO_x 吸收后的剩余能量,与汽轮机共同驱动机组,并向装置界外供蒸汽。

3. 应用案例

2008 年,河南晋开化工投资控股集团有限责任公司 "902t/d 稀硝酸装置项目" 成功使用了该技术,技术提供单位为西安陕鼓动力股份有限公司。项目建成后,可实现年节电 15675.12 万 kW·h,投资回收期为 2.5 年。

4. 未来 5 年推广前景及节能减排潜力

预计未来 5 年,硝酸装置蒸汽及尾气循环利用能量回收机组系统技术在行业内达到推广比例 35%,总投入 5 亿元,可实现节能量 600 万 tce/a。

2.6　基于液力透平装置的化工冗余能量回收技术

1. 技术适用范围

基于液力透平装置的化工冗余能量回收技术适用于石油化工、海水淡化等流程工艺中产生的高压液体能量回收。

2. 技术原理及工艺

采用创新泵反转技术回收高压介质富余能量，通过设计外壳、导叶、多级能量回收部件等结构，将高压液体的剩余压力能转化为动能，实现能量的回收利用；通过透平与超越离合器等组合回收机械能，并与驱动电动机带动负载泵，形成液力透平冗余能量回收系统。

3. 应用案例

中国石化武汉分公司炼油改造二期工程中的"180万 t/a 的原料加氢处理装置项目"成功使用了该技术，配套用高压液力透平（泵）能量回收机组，技术提供单位为合肥华升泵阀股份有限公司，投资回收期 1.5 年。项目建成后，可实现节能量 101 万 tce/a。

4. 未来 5 年推广前景及节能减排潜力

预计未来 5 年，基于液力透平装置的化工冗余能量回收技术推广比例达到 35%，可实现节能量 81.2 万 tce/a。

2.7　高效油液离心分离技术

1. 技术适用范围

高效油液离心分离技术适用于工业行业油液分离领域。

2. 技术原理及工艺

采用物理分离法进行油液分离，当混合油液进入转鼓后，随转鼓高速旋转，因固相、重液相、轻液相密度不同，产生不同的离心惯性力，离心力大的固相颗粒沉积在转鼓内壁上，液相则根据密度梯度自然分层，然后分别从各自的出口排出，实现分离净化，分离过程无耗材、无滤芯、低功率、无须加热、零热耗。高效油液离心分离技术关键设备结构如图2-3所示。

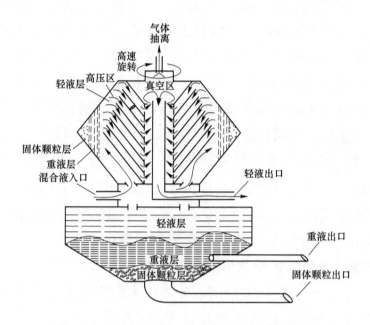

图2-3　高效油液离心分离技术关键设备结构

3. 技术指标

1）净油指标：固体颗粒污染度等级NAS五级、含水量0.005%（质量分数）、含气量为无游离气体。

2）主要设备性能参数：额定功率为7.5kW；最大出口压力≤0.4MPa；离心筒容量为3.6kg；纳污盒容量为36kg；离心筒转速>8700r/min。

4. 技术功能特性

1）流量可高达200L/min，不改变油品成分和性能指标，节能高效。

2）可处理高黏度油品，极限运动黏度可达到1000cSt。

3）可提供整体物联网解决方案，并加推云组态，让客户拥有专属的物联网平台。

5. 应用案例

天津钢铁集团中厚板车间油膜轴承油净化项目成功使用了该项技术，技术提供单位为威海索通节能科技股份有限公司。

（1）用户情况说明　项目改造前，应用真空滤油机，需要对油品加热再过滤，功率消耗严重，需要更换滤芯，并且严重损害油液的使用寿命。而且 460cSt 以上的高黏度油品真空机无法有效处理。

（2）实施内容及周期　将原真空滤油机改为离心式净油机进行净化处理，设备功率由 110kW 降为 7.5kW，且无须更换滤芯，减少二次污染；无须加热，不损伤油液使用寿命。实施周期 1 年。

（3）节能减排效果及投资回收期　改造后单台设备年节约电费73.8 万元；运用离心式净油机可延长油液使用寿命 2~3 倍，每年可节约新油使用量 260t（原油耗 520t/a）；省去了真空滤油机滤芯更换费用 3.2 万元/台，折合标煤 3476t。投资回收期约 6 个月。

6. 未来 5 年推广前景及节能减排潜力

预计未来 5 年，高效油液离心分离技术推广比例达到 30%，可实现节能量 13.9 万 tce/a，CO_2 减排量 37.53 万 t/a。

2.8　　潜油直驱螺杆泵举升采油技术

1. 技术适用范围

潜油直驱螺杆泵举升采油技术适用于石油行业节能技术改造。

2. 技术原理及工艺

将永磁同步伺服电动机、保护器、螺杆泵组成一套装置安装在油井最下部，原油进入螺杆泵后，通过永磁同步伺服电动机直接驱动螺杆泵转动，产生强大挤力，将原油沿油管举升出井口，不需要抽油杆和机械减速装置，实现高效采油。技术原理如图 2-4 所示。

3. 技术指标

1）50~500 转实现无级调速。

2）可实现超深井采油，下泵深度达到3500m。

3）百米吨液耗电：1.5～1.95kW·h/（100m·t），与抽油机相比节电超过30%。

4. 技术功能特性

地面无动力设备，并去掉了故障率高的减速器，可低转速大转矩直驱运行；可实现660V电压3000m超远距离控制；同时，通过可视化界面可直观看到系统运行情况。

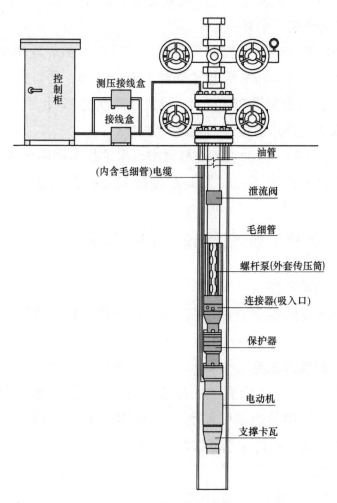

图2-4 潜油直驱螺杆泵举升采油技术原理

5. 应用案例

中国石油天然气股份有限公司"长庆油田分公司采油系统改造项目"成功使用了该项技术，技术提供单位为新乡市夏烽电器有限公司。

（1）用户情况说明　节能改造前为普通抽油机生产，生产率百米吨液耗电量为 2.77kW·h。

（2）实施内容及周期　针对长庆油井斜度大、含蜡量高、排量低的困难，采用 2 套潜油直驱螺杆泵进行采油，产量 2~4m³/d，扬程 1600~1800m 代替原抽油机，并配置毛细管测压装置，可实时监测井下压力。实施周期 3 个月。

（3）节能减排效果及投资回收期　与普通采油装置相比，综合节电率为 50.9%，百米吨液耗电量节省 1.41kW·h，两口井年节省电量 60 万 kW·h，折合标煤 264tce/a。投资回收期约 12 个月。

6. 未来 5 年推广前景及节能减排潜力

预计未来 5 年，潜油直驱螺杆泵举升采油技术推广比例达到 20%，可实现节能量 4.59 万 tce/a，CO_2 减排量 12.39 万 t/a。

2.9　加热炉烟气低温余热回收技术

1. 技术适用范围

加热炉烟气低温余热回收技术适用于燃气工业加热炉节能技术改造。

2. 技术原理及工艺

利用高效、低阻、耐腐蚀的换热设备，利用循环水与低温烟气进行热交换，降低加热炉烟气温度，获得高温热水，并用于工业生产，提高整体热利用率。技术原理如图 2-5 所示。

3. 技术指标

1）烟气入口温度：170±10℃。

2）烟气出口温度：85±10℃。

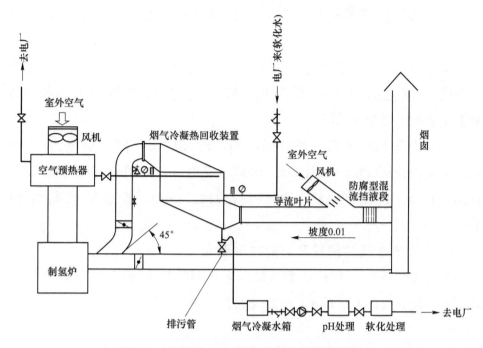

图 2-5　加热炉烟气低温余热回收技术原理

3）热水流入温度：70~85℃。

4）热水流出温度：95~105℃。

4. 技术功能特性

加热炉烟气低温余热回收技术可将烟气排放温度降至露点以下，大幅提高加热炉燃料利用率，降低排烟温度，回收烟气中气态水，减少有害气体排放。

5. 应用案例

山东京博石油化工有限公司"一套制氢转化炉烟气余热回收项目"成功使用了该项技术，技术提供单位为大连理工大学和北京建筑大学。

（1）用户情况说明　节能改造前制氢装置加热炉耗气量（标态）7535m³/h，加热炉效率大约为85%，燃烧后产生的烟气量（标态）31697m³/h，烟气排放温度约为200℃。

（2）实施内容及周期　项目与公司原有低温热回收系统配套使用，通过改造，锅炉尾部加装烟气冷凝余热回收装置，烟气流动阻力<70Pa；将加热炉高温烟气与85℃左右的低温热水换热，吸收烟气中的余热，排烟温度从200℃降至85~90℃，获得105℃左右的热水，用于工业生产。实施周期1年。

（3）节能减排效果及投资回收期　改造后每年回收热量为：$Q = cm\Delta t = 4.2kJ/(kg℃) \times 25t/h \times (100℃ - 75℃) \times 8000h = 2.1 \times 10^{13}J = 21000GJ = 5.017 \times 10^9 kcal$。节省标煤714.3tce/a。投资回收期约14个月。

6. 未来5年推广前景及节能减排潜力

预计未来5年，加热炉烟气低温余热回收技术推广比例达到20%，可实现节能量21.9万tce/a，CO_2减排量59.13万t/a。

2.10　冷却塔水蒸气深度回收节能技术

1. 技术适用范围

冷却塔水蒸气深度回收节能技术适用于冷却塔的节能技术改造。

2. 技术原理及工艺

该技术采用由并联间隔通道（冷空气道和湿热空气道，中间由间壁隔开）和换热板组成的蒸汽凝结水回收装置，回收冷却塔水蒸气的热量和凝结水。回收的凝结水继续进入循环水设备参与冷却工序，回收的热量用于消除冷却塔白雾，省去了传统电加热消除白雾的能耗，同时减少了水蒸气的耗散。冷热交换原理如图2-6所示。

3. 技术指标

1）水蒸气回收率：14.7%。

2）热通道压降：6.9Pa。

3）冷却塔压力比：5.9。

4）冷通道侧压力比：4.6。

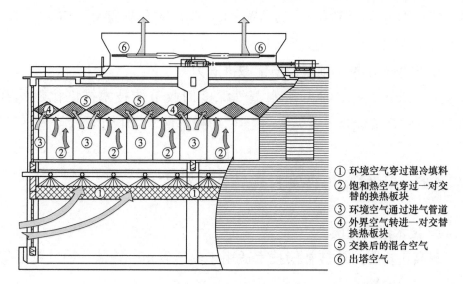

① 环境空气穿过湿冷填料
② 饱和热空气穿过一对交替的换热板块
③ 环境空气通过进气管道
④ 外界空气转进一对交替换热板块
⑤ 交换后的混合空气
⑥ 出塔空气

图 2-6　冷却塔水蒸气深度回收节能技术冷热交换原理

5）耗电比：$0.037kW \cdot h/m^3$。

4. 技术功能特性

1）省去了秋冬春季消白雾的额外能耗，不影响循环水的温降，循环水泵扬程不增加，风机功耗不增加，节能效果明显。

2）雾气减少，减少了雾霾形成的载体，回收的蒸馏水可循环使用，不污染水质及设备，节水环保。

5. 应用案例

河北富越化工科技有限公司改造项目成功使用了该项技术，技术提供单位为山东蓝想环境科技股份有限公司。

（1）用户情况说明　一台 3000t/h 的冷却塔，春秋季采用加热冷却塔出口空气的温度来消除白雾时，耗电量为 1259.28 万 kW·h，冬季耗电量为 2484 万 kW·h，年蒸发耗水量为 528 万 m^3。

（2）实施内容及周期　项目对甲醇项目原有 22 台冷却塔进行了消雾节水改造，每台改造型的消雾节水冷却塔回收量为蒸发耗水量 10%，消除白雾无额外能耗。实施周期 3 个月。

（3）节能减排效果及投资回收期　改造后，一台 3000t/h 的消雾塔，年平均可节电 3743.28 万 kW·h，折合综合节能量达 5087tce/a，节约用水 52.8 万 t/a。投资回收期约 6 个月。

6. 未来 5 年推广前景及节能减排潜力

预计未来 5 年，冷却塔水蒸气深度回收节能技术推广比例达到 20%，可实现节能量 6.3 万 tce/a，CO_2 减排量 17.01 万 t/a。

2.11　耐高压自密封旋转补偿技术

1. 技术适用范围

耐高压自密封旋转补偿技术适用于蒸汽管道、输油、输气管道等的节能技术改造。

2. 技术原理及工艺

采用旋转补偿器、弯头及短管组成管道用自密封旋转补偿装置，无须增加管材和弯头壁厚即可扩大平均补偿距离，减少了补偿器、弯头及管材的使用，节约了能源消耗。同时，有效克服热胀冷缩产生的二次应力，避免管道产生蠕变，延长使用寿命。工艺路线如图 2-7 所示。

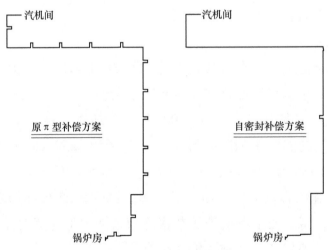

图 2-7　耐高压自密封旋转补偿技术工艺路线

3. 技术指标

1）公称通径：50~3000mm。

2）公称压力：1.0~30MPa。

3）最高工作温度≤675℃。

4）密封材料抗压强度：32~5820kgf/cm²。

4. 技术功能特性

平均补偿距离由采用传统补偿技术的 20~40m 扩大为 200~500m，补偿距离扩大了 10 倍，有效克服热胀冷缩产生的二次应力，管道不产生蠕变，使用寿命可达到 25~30 年。

5. 应用案例

江阴澄星热网管线一期项目成功使用了该项技术，技术提供单位为江苏宏鑫旋转补偿器科技有限公司。

（1）用户情况说明 公用管道工程系统中，有一蒸汽动力管道，从 50MW 燃煤机组直接抽汽供汽轮机压缩机装置：设计压力 $p = 10.8MPa$，设计温度 $T = 550℃$，规格 $\phi 426mm×36mm$，材质 12Cr1MoVG，直线长度为 580m。

（2）实施内容及周期 原管道补偿设计为 π 型补偿，每组补偿长度为 26m，水力计算压力降为 1.3MPa，后改用一组耐高压自密封旋转补偿器补偿，压力降可以满足 0.3~0.4MPa 的压力降，且工程造价节约 30% 以上。实施周期 2 个月。

（3）节能减排效果及投资回收期 项目运行以来测算表明：运行安全、无泄漏，实现了长距离补偿，压力降降低 0.15MPa，节省运行费用约 420 万元/a，折算节约标煤 0.7 万 tce/a。投资回收期约 17 个月。

6. 未来 5 年推广前景及节能减排潜力

预计未来 5 年，耐高压自密封旋转补偿技术推广比例达到 30%，可实现节能量 1.5 万 tce/a，CO_2 减排量约 4.05 万 t/a。

2.12　高效大型水煤浆气化技术

1. 技术适用范围

高效大型水煤浆气化技术适用于化工行业煤制合成气节能技术改造。

2. 技术原理及工艺

水煤浆、氧气进入气化室后，相继进行雾化、传热、蒸发、脱挥发分、燃烧、气化等物理和化学过程，煤浆颗粒在气化炉内经过湍流弥散、振荡运动、对流加热、辐射加热、煤浆蒸发与脱挥发分的析出和气相反应等形成以 CO、H_2 为主的煤气及灰渣。产生的合成气经分级净化达到后续工段的要求，同时采用直接换热式渣水处理系统产生的合成气经分级净化达到后序工段的要求，同时采用直接换热式渣水处理系统。高效大型水煤浆气化技术工艺流程如图 2-8 所示。

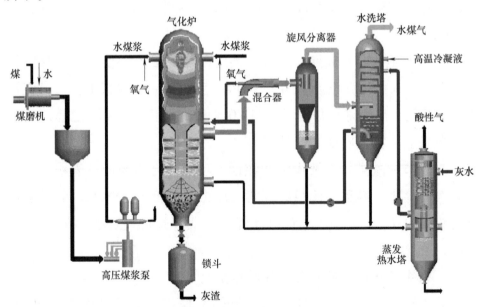

图 2-8　高效大型水煤浆气化技术工艺流程

3. 技术指标

1）比氧耗：352m³（O₂，标态）/1000m³（CO+H₂，标态）。

2）比煤耗：568kg/1000m³（CO+H₂，标态）。

3）煤气有效成分（CO+H₂）：82.9%（体积分数）。

4）碳转化率：99.2%。

4. 技术功能特性

1）易于大型化。

2）工艺性能指标先进。

3）气化炉耐火砖寿命延长。

4）气化炉烧嘴寿命长。

5）气化炉激冷室结构具有优势。

5. 应用案例

鄂尔多斯市国泰化工有限公司建设项目成功使用了该项技术，技术提供单位为兖矿水煤浆气化及煤化工国家工程研究中心有限公司。

（1）用户情况说明　新建企业、新建项目。

（2）实施内容及周期　新建 2 台日投煤量 2500t 气化炉，配套建设 45 万 t/a 甲醇装置，气化装置设计年操作时间不少于 8000h，单炉有效合成气（CO+H₂，标态）127463m³/h（干基）。实施周期 24 个月。

（3）节能减排效果及投资回收期　综合节能量为 5.9 万 tce/a。投资回收期 48 个月。

6. 未来 5 年推广前景及节能减排潜力

预计未来 5 年，高效大型水煤浆气化技术推广比例达到 15%，可实现节能量 162.3 万 tce/a，CO₂ 减排量 438.2 万 t/a。

第3章

钢铁与有色金属行业节能技术及应用

3.1 热风炉优化控制技术

1. 技术适用范围

热风炉优化控制技术适用于钢铁行业高炉的热风炉燃烧优化控制。

2. 技术原理及工艺

通过采集处理温度、流量、压力和阀位等工艺参数,建立各热风炉工艺特点数据库;适时判断不同的参数变化和烧炉情况,利用模糊控制、人工智能和专家系统等控制技术,计算最佳空燃比,实现烧炉全过程(强化燃烧、蓄热期和减烧期)自动优化控制,综合节能率5%以上。

3. 应用案例

山东德州永锋钢铁4号高炉热风炉优化控制系统成功使用了该项技术,技术提供单位为南京南瑞继保电气有限公司,项目投资额150万元,建设周期1个月,投资回收周期2.2个月,增加1套热风炉优化控制系统,更换后可实现综合节能量4710tce/a,SO_2减排量77.7t/a,CO_2减排量11775t/a,NO_x减排量73.5t/a。

4. 未来5年推广前景及节能减排潜力

预计未来5年,热风炉优化控制技术推广比例达到10%,约300

套此项技术投入应用，可实现节能量 141 万 tce/a，CO_2 减排量 353 万 t/a。

3.2　焦炉上升管荒煤气显热回收利用技术

1. 技术适用范围

焦炉上升管荒煤气显热回收利用技术适用于钢铁、焦化等行业焦炉荒煤气余热回收工艺。

2. 技术原理及工艺

通过上升管热交换器结构设计，采用纳米导热材料导热和焦油附着，采用耐高温耐腐蚀合金材料防止荒煤气腐蚀，采用特殊的几何结构保证换热和稳定运行有机结合，将焦炉荒煤气利用上升管热交换器和除盐水进行热交换，产生饱和蒸汽，将荒煤气的部分显热回收利用。焦炉上升管荒煤气显热回收利用技术工艺流程如图 3-1 所示。

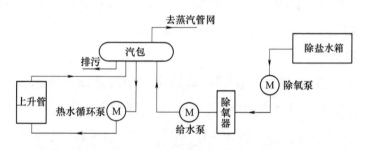

图 3-1　焦炉上升管荒煤气显热回收利用技术工艺流程

3. 应用案例

河钢集团邯郸分公司焦化厂 5 号、6 号焦炉荒煤气显热回收利用工程成功使用了该项技术，技术提供单位为北京动力源科技股份有限公司和常州江南冶金科技有限公司，项目投资额 2800 万元，建设周期 12 个月，投资回收期约 3.5 年。新建余热利用系统和设备，用 90 个上升管热交换器替换原有上升管，并配套建设汽包、水泵、管路及控制系统，实现综合节能量8569tce/a，CO_2减排量22625t/a。

4. 未来5年推广前景及节能减排潜力

预计未来5年，焦化行业焦炉上升管荒煤气显热回收利用技术推广比例达到35%，项目总投资可达50亿元，可形成综合节能量185万tce/a，CO_2减排量488万t/a。

3.3 绿色预焙阳极焙烧节能改造技术

1. 技术适用范围

绿色预焙阳极焙烧节能改造技术适用于炭素行业焙烧工艺节能。

2. 技术原理及工艺

该技术应用新型焙烧炉节能耐温燃烧器、焙烧炉专用节能密封火孔盖，采用焙烧火道墙的离线砌筑方法和焙烧炉自动化燃烧技术，从而达到优化预焙阳极焙烧曲线，降低阳极天然气单耗的目的。主要工艺包括预焙阳极焙烧炉自动化燃烧系统、焙烧节能新工艺、新型的焙烧炉火道墙的离线砌筑方法及节能设施设备。

3. 应用案例

2014年，索通28万t新型环式焙烧炉节能系统技术改造项目成功使用了该项技术，技术提供单位为索通发展股份有限公司，项目投资额1104.7万元，建设周期1年。改造完成后，阳极天然气单耗由72.5m³/t下降至60.8m³/t，降低天然气消耗332.3万m³/a，实现节能量3920.9tce/a，CO_2减排量9802.3t/a。

4. 未来5年推广前景及节能减排潜力

预计未来5年，预焙阳极生产行业此项技术推广比例达到20%，约400万t产能，可实现节能量5.17万tce/a，CO_2减排量12.74万t/a。

3.4 还原炉高工频复合电源节能技术

1. 技术适用范围

还原炉高工频复合电源节能技术适用于多晶硅、单晶硅、蓝宝石等生产工艺节能改造。

2. 技术原理及工艺

通过高频电源参与工频电源控制系统的叠层供电控制技术，实现高频化后的加热电源系统对多晶硅生长的影响作用。同时利用视觉测温技术在还原炉电流与温度双闭环控制系统中的实际应用，建立基于电源频率、硅棒温度、直径生长率等多参数测控的电源控制系统，实现对多晶硅还原炉的最优化控制。

3. 应用案例

新疆大全新能源 18000t 多晶硅项目还原装置 18 台 36 对棒还原炉电控系统节能技术改造项目成功使用了该项技术，技术提供单位为新疆大全新能源股份有限公司，项目总投资 5418 万元，建设周期 1 年 6 个月（分两期建设）。项目委托华陆工程科技有限责任公司对项目能耗进行了监测，以 18 台还原炉电控系统改造项目为计算基础，还原电耗从 55kW·h/kg 降低至 50kW·h/kg，节电 13670 万 kW·h/a，实现节能量 4.7845 万 tce/a，CO_2 减排量 10.253 万 t/a。

4. 未来 5 年推广前景及节能减排潜力

预计未来 5 年，还原炉高工频复合电源节能技术推广比例达到 35%，可实现节能量 12.39 万 tce/a，CO_2 减排量 26.55 万 t/a。

3.5 烧结余热能量回收驱动技术

1. 技术适用范围

烧结余热能量回收驱动技术适用于冶金领域烧结余热能量回收。

2. 技术原理及工艺

集成配置原有的电动机驱动的烧结主抽风机和烧结余热能量回收发电系统，形成将烧结余热回收汽轮机与电动机同轴驱动烧结主抽风机的新型联合能量回收机组。取消了发电机及发配电系统，合并自控系统、润滑油系统、调节油系统等，避免了能量转换的损失环节，增加了能量回收，确保装置在各种工况下都不会影响到烧结生产线的正常运行，并且能最大限度回收利用烧结烟气余热的能量。

3. 应用案例

盐城市联鑫钢铁有限公司 SHRT 机组项目成功使用了该项技术，技术提供单位为西安陕鼓动力股份有限公司。项目建成后，能量回收效率在之前系统各自独立的基础上可提高 6% 左右，年节约标准煤 10240t。

4. 未来 5 年推广前景及节能减排潜力

预计未来 5 年，该技术在行业内达到推广比例 35%，可实现节能量 112 万 tce/a。

3.6　煤气透平与电动机同轴驱动的高炉鼓风能量回收技术（BPRT）

1. 技术适用范围

煤气透平与电动机同轴驱动的高炉鼓风能量回收技术（BPRT）适用于高炉鼓风与余热余压能量回收领域。

2. 技术原理及工艺

将两台旋转机械装置组合成一台机组，用煤气透平直接驱动高炉鼓风机，在向高炉供风的同时回收煤气余压、余热。该技术将回收的能量直接补充到轴系上，避免了能量转换的损失；兼备两套机组的功能并有所简化，取消了发电机，合并了自控、润滑油、动力油等系统，有效提高了装置效率。其技术原理如图 3-2 所示。

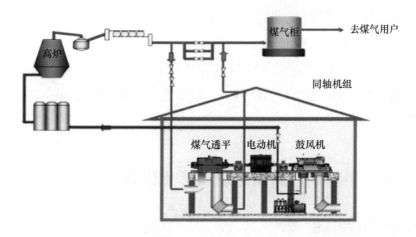

图 3-2 煤气透平与电动机同轴驱动的高炉鼓风能量回收技术原理

3. 技术指标

可应用于 450~2300m³ 高炉，可两座高炉共用。

4. 技术功能特性

BPRT 机组比单独透平机组发电效率提高 6%~8% 以上，设备投资可比分轴机组少 20%~30%。

5. 应用案例

唐山港陆钢铁公司新建 1160m³ 高炉 BPRT 项目成功使用了该项技术，技术提供单位为西安陕鼓动力股份有限公司。

（1）用户情况说明 新建 1160m³ 高炉，鼓风机为 AV56-13，所需功率为 13500kW，单台透平回收功率 5790kW。

（2）实施内容及周期 项目采用 BPRT 机组，配合高炉鼓风机、变速离合器、透平膨胀机、电动机/汽轮机、大型阀门、润滑油站、动力油站等运行。在机组正常运行期间，电动机只需消耗 3300kW 的功率即可保证轴流压缩机正常给高炉供风，电动机消耗功率减少 33%。实施周期 2 年。

（3）节能减排效果及投资回收期 每年按 8000h 计算，年回收电能 4632 万 kW·h，按照电力折算标准煤等价系数计算，节约标准煤

1.51 万 tce/a。投资回收期约 24 个月。

6. 未来 5 年推广前景及节能减排潜力

预计未来 5 年，煤气透平与电动机同轴驱动的高炉鼓风能量回收技术（BPRT）推广比例达到 50%，可实现节能量 90 万 tce/a，CO_2 减排量 243 万 t/a。

3.7　钼精矿自热式焙烧工艺及其装置

1. 技术适用范围

钼精矿自热式焙烧工艺及其装置适用于冶金行业。

2. 技术原理及工艺

将自然空气通过内置换热装置对物料主反应高温区进行降温，换热后的自然空气用于维持物料后期脱硫温度。同时，供应充足的氧气于窑内焙烧反应，使钼精矿氧化焙烧更充分，提高焙烧产量和质量，实现摒弃外热源供热完成焙烧全过程。工艺流程如图 3-3 所示。

3. 技术指标

1）自热式回转窑负压：500~750Pa；平炉温度：350~450℃；励磁调速器转速：100~600r/min。

2）产品含硫量在 0.05% 左右，远远低于国内含硫量 0.1% 的标准。

3）产品中的 MoO_3 含量比现有工艺技术水平指标提高 20% 左右。

4. 技术功能特性

该技术完全摒弃外热源供热，实现零燃料无碳焙烧钼精矿，可减少因外热源供热造成的大量废气和废物的排放；解决了钼精矿焙烧主反应期过热和脱硫后期热量不足，以及高温回转壳体冷却风的进入和热风排出的难题。

5. 应用案例

洛阳钼都钨钼科技有限公司自热式回转窑改造项目成功使用了该

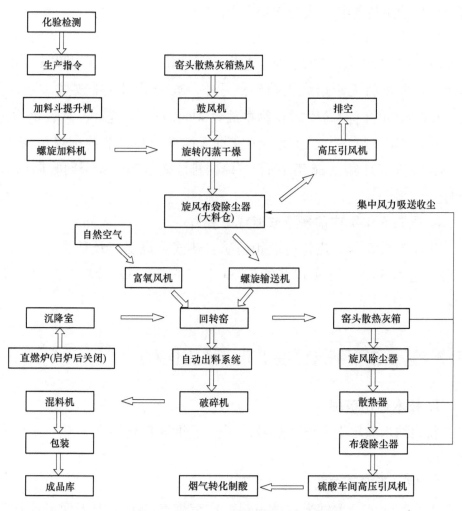

图 3-3 钼精矿自热式焙烧工艺流程

项技术，技术提供单位为洛阳栾川钼业集团股份有限公司。

（1）用户情况说明 2条回转窑，年处理钼精矿7100t，焙烧每吨钼精矿按目前国内最低的耗能指标约300kgce的能量需求，年需标煤约2000t，CO_2排放约5500t。

（2）实施内容及周期 采用钼精矿自热式焙烧方法及其装置，将2条内热式回转窑改造为自热式回转窑，在原回转窑内增加内置热交换器；对收尘工艺装备进行优化改善；对出料系统增加耐高温输送设备实现自动出料包装。实施周期 2 个月。

（3）节能减排效果及投资回收期　改造后，年处理钼精矿能力由 7100t 提高到 8500t，节省了原工艺生产每吨钼精矿所需的 400kg 原煤，真正实现零燃料无碳焙烧钼精矿；另外，减少了烟气排放量，SO_2 排放 ≤120mg/m³（标态）、颗粒物排放 ≤30mg/m³（标态）、氮氧化物排放 ≤40mg/m³（标态），远低于国家排放标准，共可节约标煤 1.43 万 tce/a，减排 CO_2 约 3.86 万 t/a，节能减排成效显著。投资回收期约 10 个月。

6. 未来 5 年推广前景及节能减排潜力

预计未来 5 年，焦化行业钼精矿自热式焙烧工艺及其装置推广应用比例达到 50%，可实现节能量 33.1 万 tce/a，CO_2 减排量 89.4 万 t/a。

3.8　新型纳米涂层上升管换热技术

1. 技术适用范围

新型纳米涂层上升管换热技术适用于钢铁焦化行业余热、余能利用领域。

2. 技术原理及工艺

上升管内壁涂覆纳米自洁材料，在荒煤气高温下内表面形成均匀光滑而又坚固的釉面，焦炉荒煤气与上升管内壁换热时，难以凝结煤焦油和石墨，高效回收荒煤气余热，并实现管内壁自清洁。技术原理如图 3-4 所示。

3. 技术指标

每吨焦炭，可产生温度 161℃、压力 0.64MPa 的水蒸气 131.97kg，回收热量 314557kJ。

4. 技术功能特性

1）上升管为无缝管结构形式，内壁附着特殊涂层，能适用于 500～

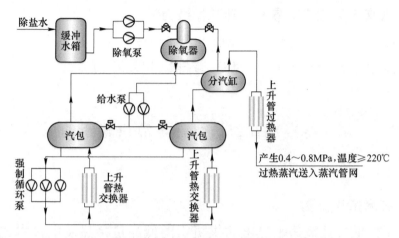

图 3-4　新型纳米涂层上升管换热技术原理

1500℃的复杂荒煤气环境，可避免焊缝应力不均及高温氧化上升管内壁造成上升管变形漏水。

2）上升管筒中部设置特殊结构膨胀节，可以消除上升管内、外筒周期性热应力的影响破坏。

5. 应用案例

武钢焦炉荒煤气显热回收利用关键技术创新及产业化示范工程项目，成功使用了该项技术，技术提供单位为江苏龙冶节能科技有限公司。

（1）用户情况说明　老的焦炉上升管对荒煤气不采取吸热措施，荒煤气直接排出，为使温度不超过 800℃，还采取喷氨水的方法以降低温度，极大地浪费了热量。

（2）实施内容及周期　对 2×65 孔 4.3m 焦炉上升管进行更换。实施周期 4 个月。

（3）节能减排效果及投资回收期　改造后，可降低工序能耗约 6kg/t 标准煤，回收荒煤气显热约 30%，吨焦产饱和蒸汽约 85kg（0.4～0.6MPa），冷却循环氨水电耗降低约 20%，年可节约标煤 6236t（年产焦炭 80 万 t）。投资回收期约 24 个月。

6. 未来 5 年推广前景及节能减排潜力

预计未来 5 年，新型纳米涂层上升管换热技术推广比例达到 50%，可实现节能量 57.67 万 tce/a，CO_2 减排量 149.95 万 t/a。

3.9 基于标准兆瓦级透平热电联供机组的低品位余热发电技术

1. 技术适用范围

基于标准兆瓦级透平热电联供机组的低品位余热发电技术适用于低品位余热利用领域。

2. 技术原理及工艺

采用低沸点的有机工质进行朗肯循环，通过利用低品位余热，形成高温高压的有机工质蒸汽，推动透平机膨胀做功，驱动发电机发电，实现热-电-冷三联供，实现不稳定热源及低品位余热的综合利用。其工艺路线如图 3-5 所示。

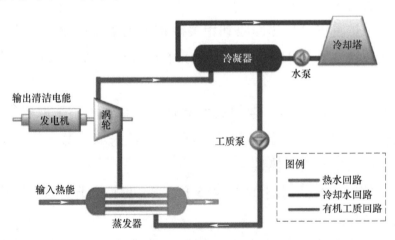

图 3-5 基于标准兆瓦级透平热电联供机组的低品位余热发电技术工艺路线

3. 技术指标

1）自耗电：15%。

2）系统发电效率：12%～15%。

3）热电联供综合利用率：85%。

4. 技术功能特性

1）可适用于热量波动较大的不稳定热源及 150～350℃的低品位热源。

2）无补燃，运行安全稳定，可实现无水发电，适合干旱缺水地区。

3）可实现热-电-冷三联供，使余热利用率最大化，远程全自动控制，无须专人专守。

4）撬装式结构，装机灵活；机组结构简单，相对运动部件少，易维护。

5. 应用案例

包钢集团薄板厂宽厚板 2 号加热炉烟气余热 ORC 综合利用示范工程项目，成功使用了该项技术，技术提供单位为北京华晟环能科技有限公司。

（1）用户情况说明　2 号炉采用步进梁式加热炉连续上下加热，炉尾有较长热回收段，装料端下排烟，生产能力 150t/h。加热炉的有关参数如下：烟气量：40000～45000m³/h；主烟道闸板后的烟气温度：150～410℃；主烟道闸板后烟气压力：-260～-180Pa。

（2）实施内容及周期　采用 ORC 技术，装机容量为 800kW，实现热电联供。保证薄板厂加热炉的生产工艺及原有排烟系统的安全可靠运行、保证厂内电网的安全运行、保证厂内各公辅系统的正常运行。实施周期 1 年 9 个月。

（3）节能减排效果及投资回收期　机组自耗电按 15%计算，采暖天数 6 个月，采暖期有效利用系数 0.7，按年运行时间 8000h 计算：发电节约标准煤＝544 万 kW·h×0.00034tce/（kW·h）＝1849.6tce；采暖节约标准煤＝51166.08GJ÷29.31GJ/tce＝1745.87tce；共可节约标准煤 3595.47tce/a。投资回收期约 39 个月。

6. 未来 5 年推广前景及节能减排潜力

预计未来 5 年，基于标准兆瓦级透平热电联供机组的低品位余热发电技术推广比例达到30%，可实现节能量 23.05 万 tec/a，CO_2 减排量 62.23 万 t/a。

第4章

煤炭与电力行业节能技术及应用

4.1 大型火电机组液耦调速电动给水泵变频改造技术

1. 技术适用范围

大型火电机组液耦调速电动给水泵变频改造技术适用于火力发电行业发电机组给水泵节能改造。

2. 技术原理及工艺

该技术采用一体化变频调速技术,将给水泵的转速调节方式由液力耦合器调节变为变频调节,消除了液力耦合器的滑差损失,提高了给水泵组的效率。

3. 应用案例

马莲台电厂1号机组给水泵变频改造项目成功使用了该项技术,项目投资 778.39 万元,建设周期 4 个月,对 2 台给水泵电动机进行高压变频改造,节能改造后,实现平均节电率 19%,节电量 989 万 kW·h/a,节能量 3164.8tce/a。

4. 未来 5 年推广前景及节能减排潜力

预计未来 5 年,大型火电机组液耦调速电动给水泵变频改造技术可在火电行业推广 140 套此项技术,预计总投入 16.8 亿元,可实现节能量 55.2 万 tec/a,CO_2 减排量 145.71 万 t/a。

4.2 高效超低氮燃气燃烧技术

1. 技术适用范围

高效超低氮燃气燃烧技术适用于燃煤、燃气工业锅炉节能减排技术改造。

2. 技术原理及工艺

采用集成浓淡燃烧技术、分级燃烧技术、超级混合技术、三维建模技术和 CFD 仿真技术的超低氮燃烧器，配合烟气再循环系统（OF-GR）、燃尽风系统实现燃气的低氧、低背压、高效燃烧。锅炉烟气含氧量降低至 2%～2.7%，系统背压降低 2000Pa 以上，NO_x 排放 $\leqslant 28mg/m^3$（标态）。工艺流程如图 4-1 所示。

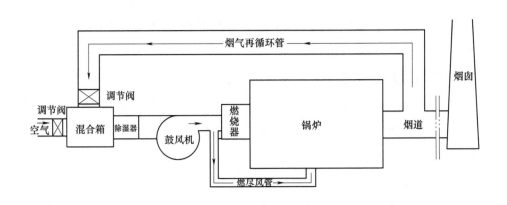

图 4-1 高效超低氮燃气燃烧工艺流程

3. 应用案例

北京华源热力管网有限公司门头沟城子热源厂 58MW 热水锅炉节能改造项目成功使用了该项技术，项目投资 186.6 万元，建设周期 6 个月，技术提供单位为上海华之邦科技股份有限公司，通过更换超低氮燃烧器配套烟气再循环系统，实现节能量 1049tce/a。

4. 未来5年推广前景及节能减排潜力

预计未来5年，共计完成燃气锅炉低氮改造18000蒸吨，实现节能量2.36万tce/a。

4.3　余热锅炉动态补燃技术

1. 技术适用范围

余热锅炉动态补燃技术适用于工业余热锅炉节能改造。

2. 技术原理及工艺

该技术利用现场工况可以提供的其他燃料（如炼钢企业高炉煤气）通过烟气发生装置产生高温烟气与锅炉所需余热烟气进行均匀混合换热，通过对烟气流量、温度的监控调节，实现余热锅炉和发电系统热力参数优化及动态特性优化，提高余热发电系统的稳定性。其技术原理及工艺如图4-2所示。

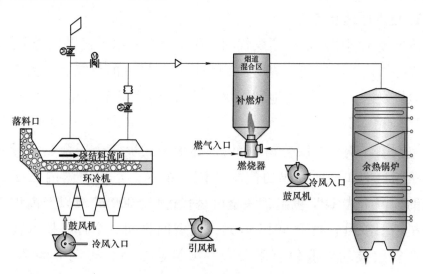

图4-2　余热锅炉动态补燃技术原理及工艺

3. 应用案例

铜陵富鑫钢铁有限公司10m²竖炉球团生产线成功使用了该项

技术，新建一台 32t/h 的余热锅炉及动态补燃系统，回收利用烧结环冷机及球团带冷机余热，产生低压蒸汽，蒸汽作为汽轮机补汽汽源，汽轮发电机组发电功率约 6MW。项目总投资 450 万元，系统发电量提高 3.07MW，节能量达 2.73 万 t/a，系统年收益约 1228 万元。

4. 未来 5 年推广前景及节能减排潜力

预计未来 5 年，该技术产品预期投入 1000 万元/a，可实现节能量 100 万 tce/a。

4.4　干式高炉煤气能量回收透平装置技术

1. 技术适用范围

干式高炉煤气能量回收透平装置技术适用钢铁行业高炉煤气余压余热发电。

2. 技术原理及工艺

该项技术利用高炉炉顶煤气的余压余热，采用干式煤气透平技术，把煤气导入透平膨胀机，充分利用高炉煤气原有的热能和压力能，驱动发电机发电，最大限度地利用煤气的余压余热进行发电。

3. 应用案例

宝钢湛江钢铁有限公司 5050m³ 高炉干式煤气余压余热能量回收透平机组（TRT）项目成功使用了该项技术，是目前国内已投运的最大的国产干式 TRT 机组，完全可替代进口 5000m³ 级以上高炉干式 TRT 机组。项目总投资 3915 万元，投资回收期 5 个月，技术提供单位为西安陕鼓动力股份有限公司。项目建成后，实现节能 7.68 万 tce/a。

4. 未来 5 年推广前景及节能减排潜力

预计未来 5 年，该技术在行业内的推广比例达到 35%，总投入约 120000 万元，可实现节能量 100 万 tce/a。

4.5　高效粉体工业锅炉微排放一体化系统技术

1. 技术适用范围

高效粉体工业锅炉微排放一体化系统技术适用于燃煤工业锅炉节能减排技术改造。

2. 技术原理及工艺

该技术通过以废治废方法治理煤炭燃烧所产生的 SO_2、NO_x 排放的有害气体（雾霾源），以达到真正煤炭清洁高效燃烧外，在不外加任何其他脱硝脱硫添加剂下，达到天然气排放标准。高效粉体工业锅炉微排放一体化系统采用最适合粉状燃料燃烧的室燃锅炉，配套精密粉体储供系统、低氮空气分级燃烧系统、FGR 炉内脱硝、余热回收系统、高效布袋除尘器、粉煤灰湿法脱硫和全过程智能化自动控制系统。其工艺流程如图 4-3 所示。

图 4-3　高效粉体工业锅炉微排放一体化系统工艺流程

3. 应用案例

绿康生化股份有限公司 25t 锅炉节能减排改造成功使用了该项技

术，技术提供单位为福建永恒能源管理有限公司，项目总投资 1300 万元，投资回收期 2~3 年。项目采用 1 台 25t 高效多元化粉体工业锅炉对原有 2 台 12000MA 旧体链条式导热油锅炉进行改造，改造后实现节能量 7467tce/a，NO_x 减排量 38.48t/a，SO_2 减排量 102.62t/a，烟尘减排量 76.96t/a。

4. 未来 5 年推广前景及节能减排潜力

预计未来 5 年，该项技术可节能改造 6000 蒸吨中小型燃煤工业锅炉，实现节能量 237.6 万 tce/a。

4.6　工业锅炉高效低 NO_x 煤粉清洁燃烧技术

1. 技术适用范围

工业锅炉高效低 NO_x 煤粉清洁燃烧技术适用于 6~75t/h 工业锅炉节能改造。

2. 技术原理及工艺

针对工业锅炉和大型电站锅炉相比起来"小"的特点，紧紧抓住改善煤粉燃烧条件这个关键，把"炉"和"锅"分开来，采用煤粉先进入"炉"（燃烧器）中进行高容积热强度、高温、旋风、贫氧等组合燃烧技术，达到抑制 NO_x 生成和排放的目的。项目技术是在总结前人"煤粉液排渣旋风燃烧技术"经验的基础上，借鉴国际新型锅炉降低 NO_x 生成的先进理论，煤粉在燃烧器内高效、强还原气氛下高强度燃烧，实现了强化燃烧与污染控制的双重功效。

3. 应用案例

上海题桥纺织染纱有限公司 2 台蒸汽锅炉及 2 台有机热载体锅炉系统改造成功使用了该项技术。技术提供单位为上海题桥煤清洁燃烧科技有限公司，项目投资分别为 810 万元、520 万元，项目建设周期分别为 8 个月及 6 个月。项目建成后，分别实现节能量 4600tce/a 和 1800tce/a，污染物排放全部低于上海市地方标准《锅炉大气污染物排放标准》（DB 31/387—2014）控制指标。

4. 未来5年推广前景及节能减排潜力

预计未来5年，工业锅炉高效低 NO_x 煤粉清洁燃烧技术推广高效低 NO_x 煤粉锅炉1.2万蒸吨，实现节能量207.12万 tce/a，CO_2 减排量545.75万 t/a。

4.7　高效节能燃烧器技术

1. 技术适用范围

高效节能燃烧器技术适用于燃气灶节能改造。

2. 技术原理及工艺

燃气在一定的压力下，以一定的流速从阀体喷嘴流出，在进入燃烧器时靠本身的能量吸入一次空气并混合，然后经火盖火孔流出，使得燃烧更加充分，提高了燃气灶的热效率。节能燃烧系统部件结构图如图4-4所示。

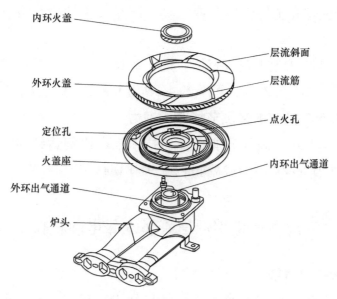

图4-4　节能燃烧系统部件结构示意图

3. 技术指标

1）燃气热负荷：4.5kW。

2）干烟气中 CO 含量<0.03%。

3）热效率>63%。

4. 技术功能特性

1）解决了燃气与空气混合不充分问题，并保证了空气供给。

2）实现了较高的热负荷。

3）实现了较高的热效率。

4）降低 CO 排放量。

5. 应用案例

海尔系列燃气灶改造项目成功使用了该项技术。技术提供单位为青岛海尔洗碗机有限公司。

（1）用户情况说明　改造前生产线生产的大部分为 2 级和 3 级能效的燃气灶。

（2）实施内容与周期　建设节能燃气灶生产线四条，年产量 80 万台。产品线配备齐全的产品安装工具，产品气密性检验设备。实施周期 12 个月。

（3）节能减排效果及投资回收期　2018 年预计产品销量 65 万台，可节省 4212 万 m^3 天然气，可节约 4.99 万 tce/a。投资回收期 12 个月。

6. 未来 5 年推广前景及节能减排潜力

预计未来 5 年，高效节能燃烧器技术推广比例达到 50%，可实现节能量 11.8 万 tce/a，CO_2 减排量 31.9 万 t/a。

4.8　空冷岛风机用低速直驱永磁电动机技术

1. 技术适用范围

空冷岛风机用低速直驱永磁电动机技术适用于电力行业空冷岛风机驱动。

2. 技术原理及工艺

空冷岛风机用低速直驱永磁电动机系统是依据空冷岛冷却风机的需求特点和低速永磁电机的独特性能研发而来，其核心是由低速永磁电动机和专用的变频控制系统组成。使用低速永磁电动机取代风机所使用的异步电动机和减速机，直接与风机进行连接，中间无齿轮箱，简化了传动链，并通过变频器的矢量控制实现调速，提高了风机驱动系统的效率。其结构如图4-5所示。

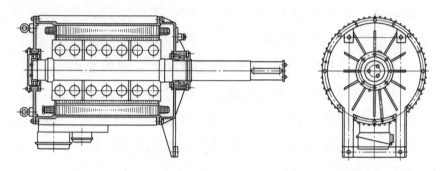

图4-5　空冷岛风机用低速直驱永磁电动机系统结构

3. 技术指标

1）额定功率范围：11~315kW。

2）功率因数范围：0.968~0.997。

3）效率范围：92.58%~95.49%。

4）线圈温升<50K。

4. 技术功能特性

1）不需要感应电流励磁，提高了变压器的供电能力，铜损和铁损大幅度降低，新建项目还可以降低系统输配电成本。

2）没有减速机的机械振动，传动噪声大大降低。

3）同时运转磨损的部件只有电动机轴承，由于永磁电动机本身为低速电动机，轴承的损坏率将非常低，因此如对电动机轴承部位做到更换润滑和一次性装配良好，即在使用过程中几乎可实现无保养。

5. 应用案例

山西宏光发电有限公司改造项目。技术提供单位为安徽明腾永磁机电设备有限公司。

（1）用户情况说明　节能改造前，原异步电动机风机转速79.4r/min，在负荷40%、60%、80%、100%时，变频器输入功率为3.29kW、12.12kW、36.40kW、79.12kW。

（2）实施内容与周期　通过使用永磁直驱电动机替换原ABB异步电动机减速机，平均有功节电率为15.1%，根据测算的电能表显示，永磁电动机的节电量在415kW·h/d，按照每年工作365天计算，电费0.8元/（kW·h）计算，年收益为12.1万元。实施周期90天。

（3）节能减排效果及投资回收期　通过能效检测，30天测算时间异步电机电度表显示为95040.5kW·h，永磁同步电动机电度表显示为82571.7kW·h，节能为415kW·h/d，项目节能减排量61.2tce/a。投资回收期为19个月。

6. 未来5年推广前景及节能减排潜力

预计未来5年，空冷岛风机用低速直驱永磁电动机技术推广比例达到30%，可实现节能量2.09万tce/a，CO_2减排量5.64万t/a。

4.9　工业锅炉通用智能优化控制技术（BCS）

1. 技术适用范围

工业锅炉通用智能优化控制技术（BCS）适用于各种工业锅炉和工业窑炉。

2. 技术原理及工艺

该技术采用先进的软测量、过程优化控制、故障诊断与自愈控制、大系统协调优化、智能软件接口、企业级大数据挖掘、神经网络预测控制等方法实现锅炉（窑炉）装置的安全、稳定与经济运行。技术实现如图4-6所示。

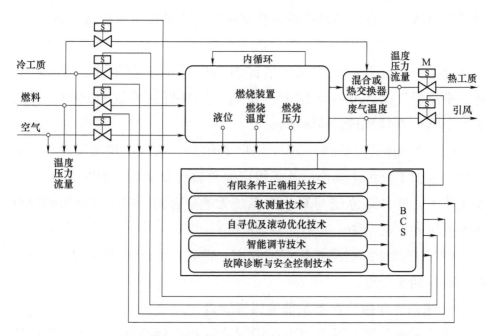

图 4-6 工业锅炉通用智能优化控制技术（BCS）实现示意图

3. 技术指标

1）显著提高系统运行稳定性、安全性；工艺控制指标明显优于原控制水平。

2）显著降低燃料消耗：燃料为煤的节能率在 1.5%以上，燃料为燃气的节能率 3.0%以上。

4. 技术功能特性

1）自动控制功能。

2）大系统协调功能：充分考虑系统间的耦合实现多设备间的协调控制，使各装置均能运行在最佳状态，实现大系统的协调优化功能。

3）安全控制技术。

4）滚动优化技术：系统通过不断地寻找最佳燃烧工况，炉窑设备始终处于最佳燃烧状态，使窑炉处于最高效率运行状态。

5. 应用案例

河北钢铁股份有限公司承德分公司燃气锅炉节能改造项目成功使

用了该项技术。技术提供单位为北京和隆优化科技股份有限公司。

（1）用户情况说明　1台260t/h燃气锅炉，锅炉所有控制回路均为手动操作。改造前日均煤气消耗约200万 m³，全年运行按330天计，全年煤气消耗66000万 m³。按高炉煤气折标系数1.2860tce/（万m³）计算，全年用能约84876tce。

（2）实施内容与周期　基于用户现有DCS系统、现场仪表和自动装置，增加1套优化操作站及其相应配套软件设施，在OPC桥梁功能的支持下，使BCS系统与原DCS系统无缝整合到一起，且不影响现有DCS系统的正常功能。实施周期30天。

（3）节能减排效果及投资回收期　改造后，综合节能4244tce/a。投资回收期3个月。

6. 未来5年推广前景及节能减排潜力

预计未来5年，工业锅炉通用智能优化控制技术（BCS）推广比例达到30%，可实现节能量200万 tce/a，CO_2 减排量540万 t/a。

4.10　基于吸收式换热的热电联产集中供热技术

1. 技术适用范围

基于吸收式换热的热电联产集中供热技术适用于热电联产余热回收。

2. 技术原理及工艺

以溴化锂溶液为媒介，以高温热源为驱动源，将低温热源热量转移至高温热源，并与驱动热源一起输出为高温热源的一种逆卡诺循环装置，可应用供热系统传热过程中形成的温差作为驱动源，回收热电联产余热。工艺图如图4-7所示。

3. 技术指标

1）提高热电厂供热能力30%~50%。

2）降低热电联产热源综合供热能耗40%。

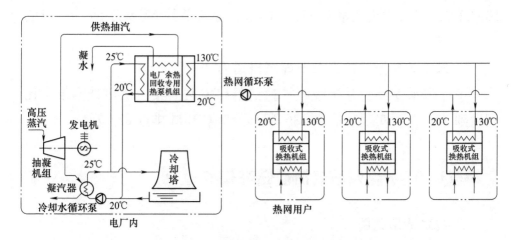

图 4-7　基于吸收式换热的热电联产集中供热技术工艺

3）单个热力站回水温度可降低至 20℃以下。

4）提高既有管网输送能力可达 80%。

4. 技术功能特性

1）充分回收热电厂凝汽余热。

2）一次网超低温回水；使一次热网回水温度降至 25℃以下，提高供回水温差，增加管网的输送能力。

5. 应用案例

大同市城市级供热节能示范项目成功使用了该项技术。技术提供单位为北京华源泰盟节能设备有限公司。

（1）用户情况说明　大同市原有各种采暖小锅炉 1720 台，这些锅炉容量小、效率低、污染严重。

（2）实施内容与周期　在大同市 4 个热电厂实施了汽轮机乏汽余热回收，安装余热回收机组 12 台，共回收余热 1093MW，每年回收余热量 1.5865×10^{16} J。同时，对全市超过 220 多个换热站内加装了吸收式大温差换热机组，使城市集中供热热网回水温度降低到 35℃左右，大幅度提高管网输送能力，增加供热面积 2428 万 m^2。实施周期 48 个月。

（3）节能减排效果及投资回收期　改造后共回收电厂余热

1093MW，年回收余热量 1.5865×10^{16} J，综合节约 67.8 万 tce/a。投资回收期 29 个月。

6. 未来 5 年推广前景及节能减排潜力

预计未来 5 年，基于吸收式换热的热电联产集中供热技术推广比例达到 30%，可实现节能量 236 万 tce/a，CO_2 减排量 637 万 t/a。

4.11　水煤浆高效洁净燃烧技术

1. 技术适用范围

水煤浆高效洁净燃烧技术适用于煤炭高效清洁利用改造。

2. 技术原理及工艺

基于流态重构的悬浮流化水煤浆高效洁净燃烧技术，涵盖了气固两相流、燃烧、炉内传热和污染控制等方面内容，在保证高热效率、高燃烬率前提下从热源的锅炉侧解决氮氧化物、二氧化硫污染物排放问题，使锅炉氮氧化物、二氧化硫原始排放符合超低排放标准。通过绝热高效旋风分离器和返料装置，提高了煤体物料的利用率，减少了煤体物料的补充量，提高了燃烧效率；通过煤体物料的循环降低床温，进一步提高水煤浆燃烬率。新型水煤浆锅炉供热系统如图 4-8 所示。

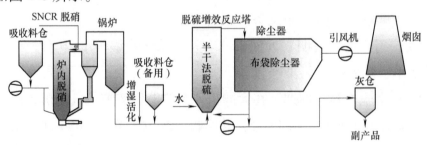

图 4-8　新型水煤浆锅炉供热系统

3. 技术指标

1）热效率≥91%。

2）初始排放：$NO_x<50mg/m^3$。

3）脱硫效率≥95%。

4. 技术功能特性

1）低温低氮燃烧，提高炉膛下部的还原性气体的浓度，大大降低了 NO_x 原始排放浓度（$<50mg/m^3$）。

2）炉内高效脱硫，实现了燃烧过程中直接脱硫，脱硫效率可达95%以上。

3）高效燃烧，锅炉效率高达 90%以上。

5. 应用案例

济南市领秀城热源厂新型水煤浆锅炉清洁供暖项目成功使用了该项技术。技术提供单位为青岛特利尔环保股份有限公司。

（1）用户情况说明 原有 2 台 58MW 燃煤链条热水锅炉，2015—2016 年采暖季消耗燃煤约 61747t，消耗电能 491 万 kW·h。

（2）实施内容与周期 新建 2 台 70MW 水煤浆锅炉，包括：水煤浆喷嘴（粒化器 4 台）、天然气点火装置（2 台），新建引风机 2 台（800kW）、一次风机 2 台（355kW）、二次风机 2 台（280kW）、返料风机 4 台（15kW），新建 4 座 3000m³ 储罐、卸浆泵及供浆泵。实施周期 24 个月。

（3）节能减排效果及投资回收期 改造后，相比原系统节省标煤7107tce/a，节能率为 15.5%。投资回收期 48 个月。

6. 未来 5 年推广前景及节能减排潜力

预计未来 5 年，水煤浆高效洁净燃烧技术推广比例达到 5.8%，可实现节能量 182 万 tce/a，CO_2 减排量 491.4 万 t/a。

4.12　全预混冷凝燃气热水锅炉节能技术

1. 技术适用范围

全预混冷凝燃气热水锅炉节能技术适用于燃气家用锅炉、工业及商业用锅炉等。

2. 技术原理及工艺

该技术采用全预混进气燃烧技术保持精确的空气和燃气比例，确保完全燃烧；集成冷凝热交换器，通过回水与烟气的逆向流动，充分吸收高温烟气中的显热和水蒸气凝结后的潜热；对供热温度、时段进行精确地宽功率调节比控制，提高锅炉热效率，降低有害气体的排放。结构原理如图 4-9 所示。

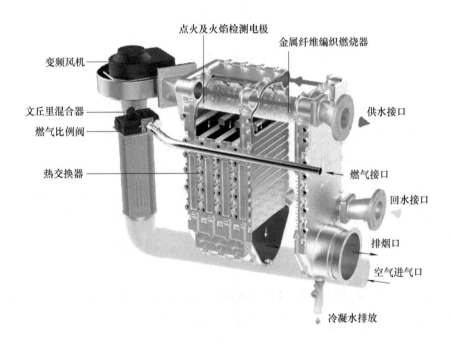

点火及火焰检测电极
金属纤维编织燃烧器
变频风机
文丘里混合器
供水接口
燃气比例阀
热交换器
燃气接口
回水接口
排烟口
空气进气口
冷凝水排放

图 4-9　全预混冷凝燃气热水锅炉结构原理

3. 技术指标

1）功率：设计值±5%。

2）热效率：最大负荷，60~80℃热效率>97%；30%负荷，30~50℃热效率>107%。

3）烟气温度（最大负荷回水60℃以下）<70℃。

4）燃烧产物排放：NO_x 排放<30mg/m³。

4. 技术功能特性

1）还可以通过多台联机形式将若干个独立工作的模块组合成更大功率范围调节比的模块化锅炉。

2）全预混表面低氮燃烧模式，火焰分布均匀，烟气下行，与水流逆向运行，烟道表面设有换热柱，可保证充分换热。降低排烟温度同时预热回水，提高热效率，降低氮氧化物等有害物质的排放。

3）智能化自动控制技术，对供暖温度、时段进行精确控制。

5. 应用案例

北京芳菁苑锅炉改造项目成功使用了该项技术。技术提供单位为浙江音诺伟森热能科技有限公司。

（1）用户情况说明　采用供暖设备为两种品牌的铸铁锅炉，其中 52 台 139kW 的，13 台 678kW 的，供暖面积 216000m^2，采用暖气片供热方式；总耗气量 1347739m^3。

（2）实施内容与周期　采用供暖设备为 23 台功率为 700kW 的冷凝锅炉替代之前的铸铁锅炉。实施周期 122 天。

（3）节能减排效果及投资回收期　改造后，总耗气量 1347739m^3，一个供暖季节约了约 291334m^3 的天然气，折合标煤 354tce。投资回收期 36 个月。

6. 未来 5 年推广前景及节能减排潜力

预计未来 5 年，全预混冷凝燃气热水锅炉节能技术推广比例达到 50%，可实现节能量 105.4 万 tce/a，CO_2 减排量 283.5 万 t/a。

4.13　模块化超低氮直流蒸汽热源机技术

1. 技术适用范围

模块化超低氮直流蒸汽热源机技术适用于工业供热。

2. 技术原理及工艺

该技术采用"直流蒸汽发生技术"，机组内设有预热层热交换器相互连接各燃烧机组，并与冷水进口串联，烘烤层总热交换器蒸汽贯穿连接各燃烧机组，并与蒸汽出口串联，各燃烧机组内的预热层、汽化层热交换器均依次串联在设有烘烤层总热交换器之上，各热交换器之间在冷水进口和蒸汽出口之间形成一通路。优化设计提高了蒸汽发生速度，降低热能的损耗；采用模块化设计，通过智能控制，根据用汽量大小自动进行档位或组数调节，实现蒸汽在不同负荷范围内的输出；采用浓淡型低氮燃烧技术，有效降低燃烧温度，降低热力型氮氧化物的产生。其结构如图4-10所示。

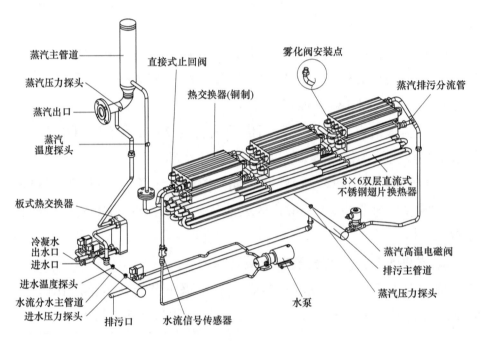

图4-10　模块化超低氮直流蒸汽热源机结构

3. 技术指标

1）蒸发量：190~1000kg/h。

2）蒸汽温度≤192℃。

3）蒸汽压力≤1.2MPa。

4）热效率：94.45%。

5）NO_x 排放≤30mg/m³。

6）电功率：1800W。

7）水容量：22L。

4. 技术功能特性

1）采用"直流蒸汽发生技术"使原水流经热交换器后快速汽化，提高了蒸汽发生速度，从而降低了热能的损耗。

2）采用模块化设计，通过智能控制，根据用户用汽量大小自动进行档位或组数调节，可实现蒸汽在 190L/h 至最大负荷之间输出，使蒸汽热源机能真正做到按需分配，从而做到高效节能。

3）采用浓淡型低氮燃烧技术，能有效降低燃烧温度，从而大大降低热力型氮氧化合物的产生，氮氧化合物排放可低至 30mg/m³ 以下。

5. 应用案例

山西离柳焦煤集团有限公司改造项目成功使用了该项技术。技术提供单位为江苏德克沃热力设备有限公司。

（1）用户情况说明　山西离柳焦煤集团有限公司原有 2 台 8t 的燃煤锅炉，每天工作 10h，辅助电动机功率 96kW。运行时，蒸汽输送距离为 400m。

（2）实施内容与周期　24 台 TEC-0.6T（T）蒸汽热源机代替原 2 台 8t 的燃煤锅炉提供生产需要的蒸汽，辅助设备总电功率 50kW。实施周期 1 个月。

（3）节能减排效果及投资回收期　改造后，节约天然气 119.5 万 m³/a，节约电量 13.8 万 kW·h/a，节约维护成本 5 万元/a，综合节能 1545tce/a。投资回收期 9 个月。

6. 未来 5 年推广前景及节能减排潜力

预计未来 5 年，模块化超低氮直流蒸汽热源机技术推广比例达到 5%，可实现节能量 7.5 万 tce/a，CO_2 减排量 9.45 万 t/a。

第5章

建材行业节能技术及应用

5.1　串联式连续球磨机及球磨工艺

1. 技术适用范围

串联式连续球磨机及球磨工艺适用于建材行业原料球磨工艺。

2. 技术原理及工艺

该技术采用陶瓷原料预处理系统对原料进行分类破碎，使进入串联式连续球磨机的物料粒度控制在 3mm 以下，改善物料的易磨性；采用高压电动机齿轮传动，减少电损耗，通过一组串联的连续球磨机实现陶瓷原料连续式生产工艺，从而提高球磨系统的能效。串联式连续球磨机结构如图 5-1 所示。

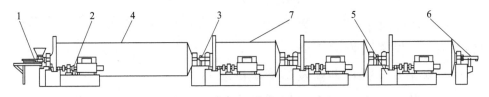

图 5-1　串联式连续球磨机结构

1—独立给料机　2—高压电动机齿轮传动系统　3—串联加球装置

4—串联式连续球磨机的一级球磨罐　5—基础

6—出料装置　7—串联式连续球磨机的二级球磨罐

3. 应用案例

2014 年 11 月，淄博唯能陶瓷有限公司原料车间球磨系统节能改造项目成功使用了该项技术，建设周期 4 个月，技术提供单位为山东鼎汇能科技股份有限公司。项目设备投资 1200 万元，建成年处理陶瓷原料 36 万 t 产能的串联式连续球磨机系统；实现综合节能 4900tce/a。

4. 未来 5 年推广前景及节能减排潜力

预计未来 5 年，随着我国建筑陶瓷行业的产业升级，串联式连续球磨机及球磨工艺应用推广比例由目前的 1% 可逐步提高到 10%，按 10% 左右的建筑陶瓷企业应用此项技术及装备计算，可实现节能量 7.26 万 tce/a，CO_2 减排量 19.1 万 t/a。

5.2 大规格陶瓷薄板生产技术及装备

1. 技术适用范围

大规格陶瓷薄板生产技术及装备适用于建材行业陶瓷砖的生产加工。

2. 技术原理及工艺

该技术采用万吨级自动液压压砖机将陶瓷原料压制成陶瓷薄板坯体，装饰表面后，在超宽体节能辊道窑中烧制成型，再经抛光线深加工后包装。生产的大规格陶瓷薄板厚度是传统陶瓷砖的 1/3，节约原材料超过 50%，整体节能超过 40%，SO_2、CO_2 等减排约 20%~30%。

3. 应用案例

2010 年 3 月，蒙娜丽莎集团股份有限公司传统陶瓷生产技术改造项目成功使用了该项技术，建设周期 5 个月，投资回收期 1.5 年，技术提供单位为广东科达洁能股份有限公司。设备投入 1900 多万元，建成规模 100 万 m^2 的大规格陶瓷薄板生产线；实现耗电量降至 4.6kW·h/m^2，较改造前节约 20.83%；需水量降至 65.71kg/m^2，较改造前节约 63.20%；综合能耗降至 3.85tce/m^2，较改造前节约 42.96%。

4. 未来 5 年推广前景及节能减排潜力

预计未来 5 年，大规格陶瓷薄板生产技术及装备推广比例达到 11% 左右，可实现节约陶土资源约 3 亿 t（相当于 2015 年全行业的陶瓷原料使用量）、综合节能 3000 万 tce/a、减排粉尘 3 万 t/a、SO_2 2 万 t/a、NO_x 8 万 t/a。

5.3　节能隔声真空玻璃技术

1. 技术适用范围

节能隔声真空玻璃技术适用于光伏建筑领域隔冷热隔声玻璃的生产加工。

2. 技术原理及工艺

利用保温瓶原理和显像管技术，将平板玻璃与 Low-E 玻璃四周熔封，中间用微小物支撑，间隔 0.1~0.2mm，将间隙抽真空达到 $10^{-4}Pa$，实现了良好的保温绝热和隔声功能，传热系数低至 $0.5W/(m^2 \cdot K)$ 以下、隔声量大于 36dB，且隔热保温性能不受安装角度影响。

3. 应用案例

青岛大荣置业中心恒温恒湿写字楼外墙玻璃安装项目成功使用了该项技术，该建筑是住建部"建筑节能与可再生能源利用示范工程"，建设周期 3 个月，真空玻璃使用量 $7000m^2$。技术提供单位为青岛新亨达真空玻璃技术有限公司。项目投入 140 万元，建设完成后，相对于使用 Low-E 中空玻璃，实现节电 35 万 kW·h/a，节能量 113tce/a，CO_2 减排量 300t/a。

4. 未来 5 年推广前景及节能减排潜力

预计未来 5 年，真空玻璃市场将达到 750 万 m^2，节能隔声真空玻璃技术推广比例达到 5%，可实现节能量 12 万 tce/a，CO_2 减排量 32.3 万 t/a。

5.4　磁铁矿用高压辊磨机选矿技术

1. 技术适用范围

磁铁矿用高压辊磨机选矿技术适用于磁铁矿选矿领域。

2. 技术原理及工艺

采用高压辊磨机工艺,将矿石反复破碎和磁选并不断将粗粒尾矿排出,最终将矿石破碎到 1mm 以下。而颗粒尾矿则以废石的形式堆存,不占用尾矿库,提高堆存的稳定可靠性,大幅减少安全隐患。节省尾矿库达 70%,节省占地和投资;与传统的选矿工艺相比,节约 30%~50% 的电耗。工艺流程如图 5-2 所示。

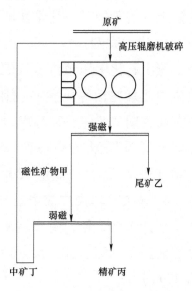

图 5-2　磁铁矿用高压辊磨机选矿技术工艺流程

3. 应用案例

福建省德化鑫阳矿业有限公司超细碎高效预选技改工程项目成功使用了该项技术,年处理矿石量 150 万 t,年产精粉 70 万 t,采用高压辊磨机替代原有 3 段破碎工艺。节能改造后粉磨系统综合平均电耗由原来的 21kW·h/t 降至 16kW·h/t,节能 23.8%。

4. 未来 5 年推广前景及节能减排潜力

预计未来 5 年,磁铁矿用高压辊磨机选矿技术推广比例达到 30%,每年投入使用 100 台左右高压辊磨机,可实现节能量 420 万 tce/a。

5.5　陶瓷纳米纤维保温技术

1. 技术适用范围

陶瓷纳米纤维保温技术适用于保温保冷绝热工程领域。

2. 技术原理及工艺

陶瓷纳米纤维保温技术是以玻璃纤维和陶瓷纤维等多种纤维为骨架，采用胶体法和超临界强化工艺将陶瓷材料制备成为纳米级材料，粒径小于 40nm（空气分子团自由行程约为 70nm）的陶瓷粉体占 98% 以上，形成真空结构，从而绝冷热保温。陶瓷纳米纤维制备工艺如下：陶瓷组分溶于醇类—化学法凝胶—强化脱水—超临界物理强化。

3. 应用案例

燕山石化中压蒸汽管线隔热项目成功使用了该项技术。技术提供单位为北京兆信绿能科技有限公司。项目总投资约 350 万元人民币，投资回收期 2.8 年；3.5MPa 蒸汽管线长 1350m，全部采用 50mm 厚陶瓷纳米纤维保温结构替换 250mm 厚原保温结构，实现节约蒸汽量 8288.13t/a，综合节能量 926.1tce/a，CO_2 减排量约 2445t/a。

4. 未来 5 年推广前景及节能减排潜力

预计未来 5 年，陶瓷纳米纤维保温技术推广比例达到 10%，预计投资额约 50 亿元人民币，可实现综合节能量 132 万 tce/a，CO_2 减排量约 349 万 t/a。

5.6 清洁能源分布式智能供暖系统技术

1. 技术适用范围

清洁能源分布式智能供暖系统技术适用于建筑、楼宇等供暖。

2. 技术原理及工艺

该技术根据不同城市生活小区能源供应性价比配套不同的天然气锅炉、电蓄能锅炉、空气源机组、太阳能光热、太阳能光伏等不同类型的清洁能源作为热源。供暖系统安有热计量装置、温控装置、机组智能控制器，气温检测装置、数据集中器、计算机服务器。数据集中器将热计量装置、温控面板、无线智能角度阀、机组、气温检测装置、气温检测装置的数据实时传输到系统服务器；服务器根据上传数据对室外气候状况及室内温度变化进行分析，通过无线智能角度阀调节室内温度、通过机组调整热水流量及温度，使供暖系统运行在能源消耗与供暖设定温度的需求达到平衡，节能而不影响舒适度，整个系统通过智能自动控制达到节能的目的。

3. 应用案例

羊亭镇南小城村供热配套工程成功使用了该项技术，技术提供单位为威海震宇智能科技股份有限公司，项目投资额 360 万元，建设周期 75 天，通过智能供暖管理平台对全村进行分布式集中供暖管理，实现节能量 192.6tce/a，CO_2 减排量 962.2t/a。

4. 未来 5 年推广前景及节能减排潜力

预计未来 5 年，清洁能源分布式智能供暖系统技术推广比例达到 10%，实现节能量 353.9 万 tce/a，CO_2 减排量 1768.58 万 t/a。

5.7　陶瓷原料干法制粉技术

1. 技术适用范围

陶瓷原料干法制粉技术适用于建材行业陶瓷原料制备领域。

2. 技术原理及工艺

该技术采用"粗→细、干→干"工艺，将原材料进行干法粉碎和细磨，之后将细粉料与水混合，完成增湿造粒，过湿的粉料再经干燥、筛分和闷料（陈腐），制备成干压成形用粉料，相对湿法制粉减少了用水、用电，节能效果明显。工艺流程如图 5-3 所示。

3. 技术指标

1）立磨系统磨辊宽度：450mm，磨辊研磨力：1100kN，生产能力：45t/h。

2）造粒机生产能力：25t/h。

3）流化床生产能力：30t/h。

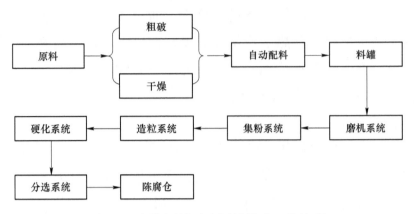

图 5-3　陶瓷原料干法制粉技术工艺流程

4. 技术功能特性

1）节水节能。与湿法制粉相比，干法制粉减少了造粒喷雾塔环节，直接节约用水 70%以上，与之相应的是蒸发这些水的用电、用燃料及产生的排放等降低。

2）高效的干法研磨减少热耗。干法研磨机将均匀混合后的配方原料再次烘干磨粉，设备配置单独的热风炉，同时预留窑炉余热的连接管道口，利用窑炉的余热，减少设备在生产中的热能消耗。

3）智能化控制。运用中控管理，自动化监控每个工序，节省人力物力、降低废品率，提高生产效率。

5. 应用案例

淄博卡普尔陶瓷有限公司"干法制粉用于制造釉面砖（陶质砖）的关键技术研究与应用示范"项目成功使用了该项技术。技术提供单位为广东博晖机电有限公司。

（1）用户用能情况简单说明　改造前采用湿法制粉工艺，其湿法制粉生产线单位粉料电耗为 69.02kW·h/t。

（2）实施内容及周期　采用干法制粉系统，建设全新干法制粉釉面砖生产线一条，连续进行干法制粉釉面砖生产，产品优等品率达到96%。实施周期 10 个月。

（3）节能减排效果及投资回收期　改造后，干法制粉综合能耗：18.25kgce/t，粉料综合节能 68.05kgce/t，综合节能 78.85%；每吨粉料节水 308.69L，节水 79.42%；每吨粉料可以节省球石 2.85kg、化工添加剂 2.85kg、黑泥 100kg；每吨粉料减少 CO_2 排放 0.231t；几乎不排放 SO_2 和氮氧化物，颗粒物浓度极低，废气可以直接排放。共可节约标煤 2.33 万 tce/a。投资回收期约 14 个月。

6. 未来 5 年推广前景及节能减排潜力

预计未来 5 年，陶瓷原料干法制粉技术推广比例达到 10%，可实现节能量 223 万 tce/a，CO_2 减排量 602 万 t/a。

5.8　水泥窑大温差交叉料流预热预分解系统工艺技术

1. 技术适用范围

水泥窑大温差交叉料流预热预分解系统工艺技术适应于水泥窑预热预分解系统提产、节能、降耗技术改造。

2. 技术原理及工艺

根据预热器系统废气和物料温度不同的特点，按照牛顿冷却定律，通过旋风筒下料管对物料进行再分配，形成比原换热单元更大的气固温差，实现大温差高效换热。同时，分解炉采用多次料气喷旋叠加和出料再循环技术，提高煤粉燃烧和生料分解效能，提升预热预分解系统整体效率。工艺流程如图 5-4 所示。

3. 技术指标

1）提高熟料产量：10%~25%。

2）提高熟料强度：1.0~3.5MPa。

3）降低烧成煤耗：2.9~4.5kgce/t。

4）降低综合电耗：3.5~5.0kW·h/t。

5）降低废气中 NO_x 含量：0.01%~0.015%。

4. 技术功能特性

1）有效增加气固换热温差，实现强化换热。

2）分解炉物料再循环和喷旋叠加效应，有效提升分解炉的生料分解和煤粉燃烧效能。

3）采用低氮燃烧技术，有效降低废气 NO_x 浓度。

5. 应用案例

白银市王岘水泥有限公司 2000t/d 熟料生产线节能改造项目成功使用了该项技术。技术提供单位为甘肃土木工程科学研究院有限公司。

（1）用户用能情况简单说明　改造前平均熟料产量 1618t/d，标准煤耗 139.1kgce/t，综合电耗 81.5kW·h/t。

（2）实施内容及周期　改造烧成窑尾大温差交叉流预热预分解系统：C2、C3 大温差系统，多次来料喷旋叠加再循环型分解炉，分解炉低氮燃烧系统。实施周期 3 个月。

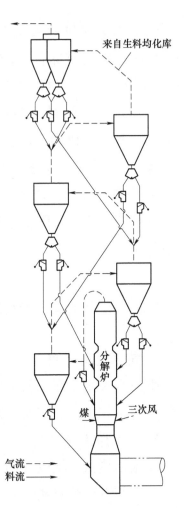

图 5-4　水泥窑大温差交叉料流预热预分解系统工艺流程

（3）节能减排效果及投资回收期　改造后，熟料产量提高了 398t/d，熟料强度增加 4.5MPa；标准煤耗降低了 20.1kgce/t，综合电耗降低了 4.6kW·h/t。共可节约标煤 7891tce/a。投资回收期约 8 个月。

6. 未来 5 年推广前景及节能减排潜力

预计未来 5 年，水泥窑大温差交叉料流预热预分解系统工艺技术推广比例达到 10%，可实现节能量 52.61 万 tce/a，CO_2 减排量 136.79 万 t/a。

5.9　干法高强陶瓷研磨体制备及应用技术

1. 技术适用范围

干法高强陶瓷研磨体制备及应用技术适用于干法非金属矿物研磨领域。

2. 技术原理及工艺

该技术采用高转化率、小粒径、低钠含量的煅烧阿尔法氧化铝替代铬钢球应用于研磨装备，降低磨机的填充载荷，降低烧结温度，减少粉磨系统的电耗，避免了钢球生产工艺过程中的铬污染问题。研磨体制备工艺如图 5-5 所示。

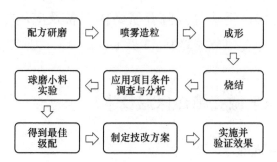

图 5-5　干法高强陶瓷研磨体制备工艺

3. 技术指标

氧化铝质量分数≥92%，密度约 $3.65g/cm^3$，洛氏硬度约 84.1HRC，强度约 44.9kN，当量磨耗约 $0.3g/(kg \cdot h)$。

4. 技术功能特性

1）颗粒级配更好、更耐磨。$3 \sim 32 \mu m$ 颗粒含量提高 2% 以上，磨耗 $5 \sim 10g/t$ 水泥，比高铬钢球的磨耗降低约 20g/t。

2）降温降噪。出磨料温降低 20℃ 左右，能够有效解决夏季出磨料温高问题，降低噪声 $15 \sim 20dB$。

3）绿色环保。免去了使用高铬钢球的六价铬污染。

5. 应用案例

远东亚鑫水泥有限责任公司 1 号水泥磨节能改造项目成功使用了该项技术。技术提供单位为萍乡顺鹏新材料有限公司。

（1）用户用能情况简单说明　年产 41.5858 万 t 水泥，水泥耗电 33.68kW·h/t，耗电 1400 万 kW·h/a。

（2）实施内容及周期　将细磨仓原有高铬钢球，全部置换为干法高强陶瓷研磨体 77t；改造粉磨系统，增活化环高度，更换通风不堵塞的新型隔仓板，并按取样试验实施级配方案。实施周期 1 个月。

（3）节能减排效果及投资回收期　改造后综合节电和节省研磨体添加成本，共节约标煤 706.25tce/a。投资回收期约 6 个月。

6. 未来 5 年推广前景及节能减排潜力

预计未来 5 年，干法高强陶瓷研磨体制备及应用技术在机床行业推广达到 60%，可实现节能量 9.43 万 tce/a，CO_2 减排量 24.52 万 t/a。

5.10　纳米微孔绝热保温技术

1. 技术适用范围

纳米微孔绝热保温技术适用于保温保冷绝热工程领域。

2. 技术原理及工艺

将多孔纳米二氧化硅复合纳米材料、金属粉、金属箔、有机和无机纤维作为主要绝热材料和补强材料，以互穿网络聚合物作为主要结合剂制成保温涂布。在中高温使用条件下，有机纤维和互穿网络聚合物炭化后转变为碳纤维，成为补强和透光遮蔽材料，部分碳纤维与附在碳纤维上的 SiO_2 反应生成 SiC，作为定向辐射材料，使绝热效果提高 2~3 倍，耐压强度提高 10 倍，阻尼比大于 30%，隔声效果大于 10dB。涂布复合工艺如图 5-6 所示。

3. 技术指标

A 级阻燃品，导热系数：0.089W/(m·K)（热面温度：600℃）、

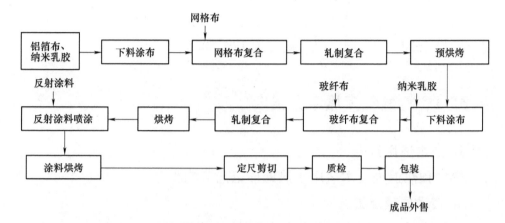

图 5-6 涂布复合工艺

抗压强度为 2.67MPa。

4. 技术功能特性

1）导热系数低，比常规材料节能 10%~30%。

2）可用作绝热体永久层，使用寿命达 5~10 年以上。

3）由纯无机材料组合而成，无任何有害物质释放，安全环保。

5. 应用案例

首钢京唐钢铁有限责任公司钢包保温项目成功使用了该项技术。技术提供单位为天津摩根坤德高新科技发展有限公司。

（1）用户用能情况简单说明 节能改造前对用户的钢包精炼电耗进行了跟踪，在钢包热周转（计算选取吨位一致）的情况下，钢包精炼平均电耗为 50kW·h/t。

（2）实施内容及周期 采用纳米微孔绝热保温技术对首钢京唐钢铁有限责任公司的铸造盆和钢包进行保温施工。实施周期 1 个月。

（3）节能减排效果及投资回收期 使用纳米微孔绝热板减少温降：$25 \times 1.25 = 31.25℃$，连铸每吨钢可节省电能：$0.71 \times 31 = 22.01kW·h$，连铸电极消耗降低：$0.45 \times 22 \div 50 = 0.198kg/t$（钢），综合节能 1.6 万 tce/a。投资回收期约 2 个月。

6. 未来 5 年推广前景及节能减排潜力

预计未来 5 年，纳米微孔绝热保温技术推广比例达到 20%，可实现节能量 66.4 万 tce/a，CO_2 减排量 179.28 万 t/a。

5.11   燃气预热退火技术

1. 技术适用范围

燃气预热退火技术适用于热处理工艺节能改造。

2. 技术原理及工艺

该技术采用无明火式加热结构及炉体侧密封压紧装置，不但有效提高了设备的温度均匀性，而且可以使设备在振动条件下保持良好的密封，保证了炉体内温度以及炉温的均匀性生产运行，降低了工艺的热损耗。产品结构如图 5-7 所示。

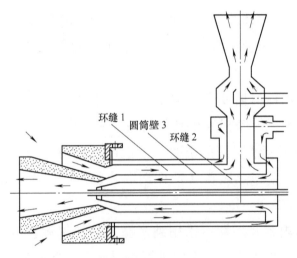

图 5-7   燃气预热退火技术产品结构

3. 技术指标

1）热处理效率：6800kg/h。

2）载重量：150t。

3）温度误差：650±5℃。

4）温升效率：150℃/h。

5）炉衬：全纤维耐火容重。

4. 技术功能特性

1）自身预热式技术的应用：能够利用高温烟气余热加热助燃空气，以减少出炉物理热或增加入炉物理热，因而节约燃料。

2）基于天然气加热的能源结构调整，低碳环保、热效率最高且炉温均匀性最稳定的能源为天然气。热效率能达到85%，炉温均匀性（温差）±5℃。在热处理过程中除少量无化学危害烟尘排放外，其他污染物排放几乎为零。

5. 应用案例

山东兖矿集团改造项目成功使用了该项技术。技术提供单位为河南天利热工装备股份有限公司。

（1）用户情况说明　该项目实施地为该集团公司热处理分部，该分部每年热处理量>7万t，在电炉与燃煤炉搭配使用的情况下，每年约消耗能源7500tce。

（2）实施内容与周期　通过自预热式燃气退火预热技术的应用，并加以快速冷却装置辅助，并通过改善工艺、PLC集中控制等途径，提升单位装载量、控制进炉时间，使热效率、烟尘排放得到控制。实施周期11个月。

（3）节能减排效果及投资回收期　根据项目规模及节能技术使用情况，综合节能3640tce/a。投资回收期12个月。

6. 未来5年推广前景及节能减排潜力

预计未来5年，燃气预热退火技术推广比例达到35%，可实现节能量15.6万tce/a，CO_2减排量42.12万t/a。

第6章

机械行业节能技术及应用

6.1 机床用三相电动机节电器技术

1. 技术适用范围

机床用三相电动机节电器技术适用于三相异步电动机驱动的机床设备改造。

2. 技术原理及工艺

该技术取样电动机运行中"瞬时有功负荷"作为控制信号，实时监控测量实际负荷，自动调整有功功率，有效地降低了机床能耗。控制流程为："瞬态有功负荷"→大于额定功率1/2自动调整为大功率→小于额定功率1/3自动调整为小功率→循环监控调整电动机"瞬态有功负荷"→实时调整电动机功率。

3. 应用案例

宝鸡机床集团公司普通车床及CJK数控车床（工信部《高耗能落后机电设备（产品）淘汰目录（第二批)》）的节能改造项目成功使用了该项技术，技术提供单位为北京优尔特科技股份有限公司。项目投资额862万元，建设周期1~2年，为年产600台CJK数控车床和年产5000台CS6140-6266普通车床配套"微计算机控制三相电动机节电器"，电动机装机容量合计42000kW，实现综合节能

3396.3tce/a。

4. 未来 5 年推广前景及节能减排潜力

预计未来 5 年，机床用三相电动机节电器技术在机床行业推广达到 5%，可节能改造 18.9 万台机床，实现节能量 10.2 万 tce/a，CO_2 减排量 23.79 万 t/a。

6.2　超音频感应加热技术

1. 技术适用范围

超音频感应加热技术适用于热加工领域挤出机等设备节能改造。

2. 技术原理及工艺

该技术将工频交流电整流、滤波、逆变成 25~40kHz 的超音频交流电，从而产生交变磁场，当含铁质容器放置上面时，因切割交变磁力线会产生交变的电流（即涡流），金属内存在电阻，涡流产生大量焦耳热，使感应加热物体温度迅速上升，热效率可达到 95%。感应线圈与被加热金属不直接接触，系统本身热辐射温度接近环境温度，在 40℃以下，人体完全可以触摸。

3. 应用案例

绵阳长鑫新材料发展有限公司挤出机加热系统节能改造项目成功使用了该项技术，技术提供单位为四川联衡能源发展有限公司。项目投资额 237.5 万元，建设周期 2 年，采用超音频感应加热控制方式对 25 台挤出机加热系统进行专项节能技术改造，节电 195.75 万 kW·h，实现节能量 685.1tce/a，CO_2 减排量 1712.8t/a。

4. 未来 5 年推广前景及节能减排潜力

预计未来 5 年，超音频感应加热技术推广比例可达 3%，约可节能改造 1000 台挤出机，可实现节能量 2.74 万 tce/a，CO_2 减排量 6.85 万 t/a。

6.3　绕组式永磁耦合调速器技术

1. 技术适用范围

绕组式永磁耦合调速器技术适用于通用机械行业动力源节电或控制改造。

2. 技术原理及工艺

电动机带动绕组永磁调速装置的永磁转子旋转，产生旋转磁场，绕组切割旋转磁场磁力线产生感应电流，进而产生感应磁场。该感应磁场与旋转磁场相互作用传递转矩，通过控制器控制绕组转子的电流大小来控制其传递转矩的大小，以适应转速要求，实现调速功能；同时将转差功率反馈再利用，解决了转差损耗带来的温升问题，提高了能效。

3. 应用案例

江苏沙钢集团有限公司炼钢二车间2500kW除尘风机节电改造项目成功使用了该项技术，技术提供单位为江苏磁谷科技股份有限公司，投资回收期6.9个月。改造后无液压油损耗，可靠性高，能有效隔离振动和噪声，减少整个传动链内所有设备的冲击负载损害，维护成本低，且将转差损耗引出回馈至电网回收再利用，实现节电430.5万 kW·h/a，节能量1506.75tce/a，CO_2 减排量3228.75t/a。

4. 未来5年推广前景及节能减排潜力

预计未来5年，绕组式永磁耦合调速器技术推广比例达到5%，预计将有10000台套绕组式永磁耦合调速器取代液力耦合器，实现节能量301.35万 tce/a，CO_2 减排量645.75万 t/a。

6.4　空压机节能驱动一体机技术

1. 技术适用范围

空压机节能驱动一体机技术适用于压缩机节能改造。

2. 技术原理及工艺

该技术采用卸载停机技术，通过采集多路温度、压力、用气量等负载特性数据，自动识别并控制停机时间，减少空气压缩机卸载能耗，从而提高能效水平。

3. 应用案例

2016 年 11 月，安徽鹏华空压机节能改造项目成功使用了该项技术，技术提供单位为东泽节能技术（苏州）有限公司。项目投资 0.56 万元，投资回收期 4 个月，实现节电 25680kW·h/a，节能 8.98tce/a。

4. 未来 5 年推广前景及节能减排潜力

预计未来 5 年，空压机节能驱动一体机技术推广比例达到 10%，实现节电量 338500 万 kW·h/a，节能 118.5 万 tce/a。

6.5　压缩空气系统节能优化关键技术

1. 技术适用范围

压缩空气系统节能优化关键技术适用于压缩机系统节能改造。

2. 技术原理及工艺

该技术采用主控单元、分控单元和节能辅控单元及互联网架构技术，监测、查询、控制空压机运行信息，通过预测控制、容错控制、自学习算法、云计算数据处理等功能对空压机群进行节能控制；同时对相关设备进行电力计量，监测管网中压缩空气的压力、流量、温度、露点和冷却水的压力、温度、流量等信息。

3. 应用案例

宜宾环球格拉斯玻璃制造有限公司项目成功使用了该项技术，对压缩空气系统实施节能及信息化管控系统增设改造，技术提供单位为北京爱索能源科技股份有限公司。项目投资 320 万元，建设周期 4 个月，建成规模节能率达 23.17%，实现节电 478 万 kW·h/a，约合 1530tce/a，年节能效益 334.96 万元。

4. 未来 5 年推广前景及节能减排潜力

预计未来 5 年，压缩空气系统节能优化关键技术推广比例达到 10%，实现节能量约 160 万 tce/a，CO_2 减排量 430 万 t/a。

6.6　　基于磁悬浮高速电动机的离心风机综合节能技术

1. 技术适用范围

基于磁悬浮高速电动机的离心风机综合节能技术适用于市政污水处理等行业。

2. 技术原理及工艺

该技术采用磁悬浮轴承大幅度提升转速，并省去传统的齿轮箱及传动机制，采用高速永磁电动机与三元流叶轮直连，实现高效率、高精度、全程可控。相比传统罗茨风机节能 30% ~ 40%，相比多级离心风机节能 20% 以上，相比单级高速鼓风机节能 10% ~ 15%。

3. 应用案例

浙江闰土集团生态化公园污水厂风机改造项目成功使用了该项技术，技术提供单位为亿昇（天津）科技有限公司。项目总投资 225 万元，建设周期 15 天，日处理量 5000t 印染废水，运用本技术，替代原先 3 台罗茨风机，实现节能量 393.8tce/a，每年节约电费 90 万元，两年半可回收投资，并且降低环境噪声 30dB，改善工作环境。

4. 未来 5 年推广前景及节能减排潜力

预计未来 5 年，基于磁悬浮高速电动机的离心风机综合节能技术推广比例将超过 20%，可实现节能量 76.87 万 tce/a。

6.7　　磁悬浮离心式鼓风机节能技术

1. 技术适用范围

磁悬浮离心式鼓风机节能技术适用于污水处理行业以及物料输送

领域。

2. 技术原理及工艺

该技术将磁悬浮轴承和大功率高速永磁电动机技术集成为高速电动机,外加专用高速永磁电动机变频器形成高速驱动器,采用直驱结构将高速驱动器和离心叶轮一体化集成(见图6-1),实现高速无摩擦高效悬浮旋转。

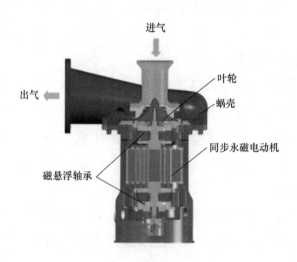

图6-1 磁悬浮离心式鼓风机结构

3. 应用案例

2014年12月,浙江龙盛集团股份有限公司下属上虞市金冠化工有限公司污水处理厂节能改造项目成功使用了该项技术,技术提供单位为南京磁谷科技有限公司。项目总投资366万元,采用4台磁悬浮离心式鼓风机对原有6台罗茨鼓风机进行替换改造。项目改造后,节电326kW,全年节电量为280万kW·h,实现节能量980 tce/a,CO_2减排量2786t/a。按电价0.8元/(kW·h)计算,年节约电费约224万元,投资回收期1.6年。

4. 未来5年推广前景及节能减排潜力

预计未来5年,磁悬浮离心式鼓风机节能技术产品在中国鼓风机市场的推广比例将达到 20%，实现节能量 215 万 tce/a，CO_2 减排量 524.39 万 t/a。

6.8　新能源动力电池隧道式全自动真空干燥节能技术

1. 技术适用范围

新能源动力电池隧道式全自动真空干燥节能技术适用于干燥设备节能改造。

2. 技术原理及工艺

该技术采用新能源动力电池隧道一体式干燥系统，通过高真空充氮加热干燥、冷却段与加热段之间交替能量循环利用等技术，进行能量系统优化，在一个干燥系统内完成全部干燥工序，实现节能的同时提高了产能。

3. 应用案例

比亚迪锂电池股份有限公司 26 台动力电池隧道式全自动真空干燥节能系统成功使用了该项技术，技术提供单位为深圳市时代高科技设备股份有限公司。装机容量 10GW·h，年节能 2.37 亿 kW·h，年创效益 1.25 亿元。投资回收期 2 年。

4. 未来 5 年推广前景及节能减排潜力

预计未来 5 年，新能源动力电池隧道式全自动真空干燥节能技术的推广比例将达到 35%，节能量可达 95.8 万 tce/a，CO_2 减排量 239.5 万 t/a。

6.9　旧电动机永磁化再制造技术

1. 技术适用范围

旧电动机永磁化再制造技术适用于 Y 系列三相异步电动机永磁化改造。

2. 技术原理及工艺

该技术通过对永磁体进行励磁，使电动机的三相定子绕组产生以同步旋转磁场，驱动电动机旋转并进行能量转换，降低电动机运转时的损耗；采用高功率因数减小定子电流，定子绕组电阻损耗较小，进一步提高效率，实现节能。

3. 应用案例

嘉兴市中辉纺织有限公司节能改造项目成功使用了该项技术，技术提供单位为瑞昌市森奥达科技有限公司。项目建设周期20天，投资回收周期10个月，对化纤倍捻机208条生产线416台Y2系列7.5kW电动机进行高效化节能改造。项目建成后，416台电动机实现节约用电165.92万 kW·h/a，实现节能量564.1万 tce/a，CO_2 减排量1564t/a。

4. 未来5年推广前景及节能减排潜力

预计未来5年，旧电动机永磁化再制造技术推广市场比例达到2%，即再造高效永磁电动机1700万 kW，可以实现节能量5780tce/a，CO_2 减排量1.6万 t/a。

6.10　套筒式永磁调速节能技术

1. 技术适用范围

套筒式永磁调速节能技术适用于离心式风机、压缩机、泵类设备的调速节能。

2. 技术原理及工艺

该技术由导体转子、永磁转子和调节器组成套筒式永磁调速器。永磁转子和导体转子通过气隙传递转矩，减小了振动和噪声；调节器通过改变永磁转子与导体转子之间的啮合面积，实现平稳起动、过载或堵转保护以及调速，提高电动机系统效率。永磁调速系统构成模型如图6-2所示。

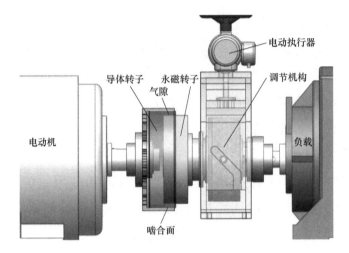

图 6-2 永磁调速系统构成模型

3. 技术指标

1）节电率：10%~60%。

2）调速范围：30%~98%。

3）系统振动减少量：50%~85%。

4）噪声低于：95dB。

5）控制精度：1%。

4. 技术功能特性

1）调速节能。

2）柔性传动：永磁调速器通过气隙传递转矩，极大地减小了振动和噪声，降低了维护成本，延长了系统设备寿命。

3）轻载起动和过载保护。

5. 应用案例

哈尔滨第三发电厂热网循环泵永磁调速改造项目成功使用了该项技术，技术提供单位为南京艾凌节能技术有限公司。

（1）用户情况说明 哈尔滨第三发电厂热网系统由 5 台循环水泵并联组成，循环水泵额定流量为 4200m³/h，扬程为 129m，配套电动机功率为 2000kW，转速为 1490r/min。由于热网循环水泵设计余量大，流量调节范围大，存在较大的能量损耗。

（2）实施内容与周期 安装套筒式永磁调速器和电动机底座，加装套筒式永磁调速器冷却水系统。实施周期3个月。

（3）节能减排效果及投资回收期 设备平均每天可节电10447kW·h，供暖期间运行，每年运行6个月，节电量约为188.05万kW·h/a，按340gce/（kW·h）计算节能量，则节约639.37tce/a。投资回收期15个月。

6. 未来5年推广前景及节能减排潜力

预计未来5年，套筒式永磁调速节能技术推广比例达到5%，可实现节能量79.9万tce/a，CO_2减排量213万t/a。

6.11 机械磨损陶瓷合金自动修复技术

1. 技术适用范围

机械磨损陶瓷合金自动修复技术适用于铁基表面使用润滑油（脂）的机械设备。

2. 技术原理及工艺

该技术将陶瓷合金粉末加入润滑油（脂），在摩擦润滑的过程中陶瓷合金粉末与铁基表面金属发生机械力化学反应，自动生成具有高硬度、高表面质量、低摩擦系数、耐磨、耐腐蚀等特点的陶瓷合金层，实现设备的机械磨损修复与高效运转。其技术原理如图6-3所示。

3. 技术指标

1）摩擦系数稳定地保持在0.005（比油膜润滑低一个数量级）。

2）陶瓷合金层的维氏硬度比原基体高1倍以上。

3）陶瓷合金层有耐高温（1600℃）、耐腐蚀等性能。

4）线胀系数与钢、铁相同。

5）表面粗糙度为$Ra0.0694\mu m$，达到超精研磨，精抛光镜面磨削水平。

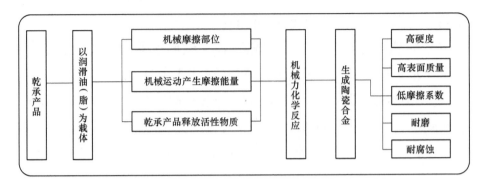

图 6-3 机械磨损陶瓷合金自动修复技术原理

6）在干摩擦工况下，机械使用寿命是相同基体材料的 5 倍。

7）陶瓷合金的厚度可达 50μm（50μm 可以有效补偿加工缺陷和修复机械磨损）。

4. 技术功能特性

1）在线修复：对机械设备磨损，实现"不解体"、动态中的原位修复。

2）生成陶瓷合金：在金属摩擦表面自动生成的陶瓷合金层，具有超硬、超滑、耐腐蚀、耐高温等特性。

5. 应用案例

北京顺丰速运有限公司 200 台车辆修复项目成功使用了该项技术，技术提供单位为大连乾承科技开发有限公司。

（1）用户情况说明 节能改造前，柴油车平均油耗 11.49L/100km，汽油车平均油耗 12.35L/100km。

（2）实施内容与周期 在每台车所使用的燃油里加入本技术产品 100mL，加注后行驶 5 万 km。应用陶瓷合金自动修复产品进行修复后，气缸压力均得到提升，达到该车型出厂上限标准。实施周期 3 个月。

（3）节能减排效果及投资回收期 按照 155 台柴油车和 45 台汽油车来算，加注一次产品后的节能量合计为 155tce，CO_2 减排量合计为 322t。投资回收期 3 个月。

6. 未来 5 年推广前景及节能减排潜力

预计未来 5 年，机械磨损陶瓷合金自动修复技术推广比例达到 15%，可实现节能量 55.5 万 tce/a，CO_2 减排量 148 万 t/a。

6.12　永磁涡流柔性传动节能技术

1. 技术适用范围

永磁涡流柔性传动节能技术适用于电动机传动系统节能改造。

2. 技术原理及工艺

该技术应用永磁材料所产生的磁力作用，完成力或力矩无接触传递，实现能量的空中传递。以气隙的方式取代以往电动机与负载之间的物理连接，改变传统的调速原理，在满足安全可靠的基础上实现传动系统的节能降耗。其关键设备的结构如图 6-4 所示。

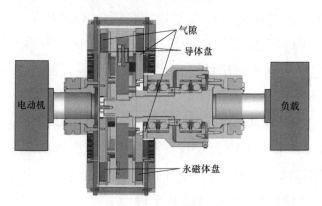

图 6-4　永磁涡流柔性传动节能技术关键设备的结构

3. 技术指标

1）转速范围：0~3000r/min。

2）适配电动机功率：4.0~4000kW。

3）转矩范围：40~30000N·m。

4）环境温度范围：−45~65℃。

5）调速范围：30%~99%。

6）气隙调节范围：3～40mm。

4. 技术功能特性

1）缓冲起动。通过调整气隙，让电动机缓冲起动，可以大大降低起动过程中的电流冲击、电动机线圈发热等问题。

2）节能、隔振。非调速产品平均节能率为3%～9%，调速装置的平均节能率在15%以上，没有物理连接，降低了刚性联轴器的振动传递效应。

3）环保安全。无电磁波干扰、无油污，不易损坏的电子器件。

5. 应用案例

江西新余钢铁炼钢除尘风机改造项目成功使用了该项技术，技术提供单位为迈格钠磁动力股份有限公司。

（1）用户用能情况简单说明 高炉一次除尘风机（3500kW，1500r/min）改造前用液力耦合器进行调速节能，最低转速只能调到600r/min，同时也是耗电大户（平均每日耗电43814kW·h）。

（2）实施内容及周期 电动机底座加长改制，安装永磁节能装置主机；连接电动机与永磁节能装置主机以及负载，调整参数正常运行。实施周期1个月。

（3）节能减排效果及投资回收期 改造后，电动机耗电量下降到24344kW·h/d，节电率约为45%。经过中节能咨询有限公司第三方检测，综合节能量达2261tce/a。投资回收期约11个月。

6. 未来5年推广前景及节能减排潜力

预计未来5年，永磁涡流柔性传动节能技术推广比例达到8%，可实现节能量120万tce/a，CO_2减排量320万t/a。

6.13 智能电馈伺服节能系统

1. 技术适用范围

智能电馈伺服节能系统适用于压铸机、注塑机、热剪机等的节能改造。

2. 技术原理及工艺

该技术以电馈伺服节能系统通过接驳主电动机，取设备实时电流、电压、流量信号回传 CPU 处理器，按各工艺模拟量计算出电动机实时所需功率，从而通过 IGBT 功率模块在 0.1s 内调节电动机功率，达到按需提供功率的状态，实现节约电能。

3. 应用案例

广东鸿图南通压铸有限公司压铸机节能改造项目成功使用了该项技术，技术提供单位为江苏亚邦三博节能投资有限公司。项目投资额 370 万元，建设周期 8 个月，投资回收期 1.4 年，节能改造 58 台压铸机总功率 3848.5kW，可实现节电 364.5 万 kW·h/a，节能量 1202.85tce/a，CO_2 减排量 3211.6t/a。

4. 未来 5 年推广前景及节能减排潜力

预计未来 5 年，智能电馈伺服节能系统推广比例达到 5%，实现节电 8.4 亿 kW·h/a，节能量 27.7 万 tce/a，CO_2 减排量 74 万 t/a。

6.14 单机双级螺杆型空气源热泵机组节能技术

1. 技术适用范围

单机双级螺杆型空气源热泵机组节能技术适用于煤改电、冬季集中供热、农产品烘干等领域。

2. 技术原理及工艺

单机双级螺杆压缩超大型空气源热泵机组是一种基于逆卡诺循环原理建立起来的节能、环保、制热高效、集热并转移热量的装置。采用单机双级螺杆压缩技术，使压缩机内容积产生周期性的容积变化，完成制冷剂气体的吸入、压缩和排出，实现不同高低压级间的互换，并通过与实际工况合理搭配排量比，达到机组最优运行状态。其系统原理如图 6-5 所示。

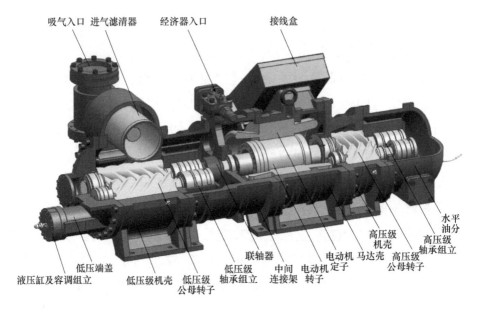

图 6-5　单机双级螺杆型空气源热泵机组节能技术系统原理

3. 技术指标

1）机组可实现-35℃的可靠运行。

2）出水温度可达 75℃。

3）在-12℃名义工况下能效比达到 3.01。

4）单机供热面积可达 6000~10000m²。

4. 技术功能特性

1）超低温运行：-35℃低环境温度下可靠运行，广泛适用于北方冬季供暖需求；单机供热面积达 6000~10000m²。

2）节能环保：采用环保冷媒 R134a，无污染，无排放，环保安全。

3）高能效比：-12℃名义工况下，能效比达 3.01。

4）超低噪声：结合工程降噪后，噪声可降至 45dB。

5）智能控制：计算机控制，智能、高效、稳定除霜；基于云服务的远程监控，支持后台云端监控和手机 App 监控。

5. 应用案例

北京市海淀区无煤化空气源热泵集中供暖项目成功使用了该项技

术，技术提供单位为山东阿尔普尔节能装备有限公司。

（1）用户情况说明　23 个棚户区社区，住户基本采用散煤燃烧取暖，能效低，污染大。

（2）实施内容与周期　改造北京市海淀区 4 个镇、7 个街道下辖的 23 个社区，总供暖户数约 7013 户，总供暖面积约 1493191m² 的空气源热泵集中供暖工程，包括热力系统和配套工程两大系统工程及无煤化智能监控中心，共建 40 个空气源热泵集中供暖站，安装项目产品 306 台。实施周期 120 天。

（3）节能减排效果及投资回收期　与电加热供暖比较，单台机组节能量为 246.527tce/a，减少 CO_2 排放 614.59t/a；与区域锅炉房供热比较，取暖季单台机组节能量为 150.610tce/a，CO_2 减排量 375.47t/a。投资回收期 5 个月。

6. 未来 5 年推广前景及节能减排潜力

预计未来 5 年，单机双级螺杆型空气源热泵机组节能技术推广比例达到 35%，可实现节能量 39.1 万 tce/a，CO_2 减排量 85.9 万 t/a。

6.15 集中供气（压缩空气）系统节能技术

1. 技术适用范围

集中供气（压缩空气）系统节能技术适用于具有压缩空气需求的工业园区。

2. 技术原理及工艺

该技术通过汽轮机驱动大型离心式空压机，改变传统的电动机驱动方式，并配置数台电动离心式空压机作为紧急备用，组成集中供气站系统来替代工业园区内原有单一的、分散的小型空压站系统，实现按需高效供气。其系统结构如图 6-6 所示。

3. 技术指标

1）含水量≤176mg/m³。

2）含油量≤0.1mg/m³。

3）含尘量≤1mg/m³。

4. 技术功能特性

通过用大型高效设备取代园区企业低效、高能耗设备，降低园区能耗，减少园区碳排放量，同时为园区企业降低压缩空气生产成本。

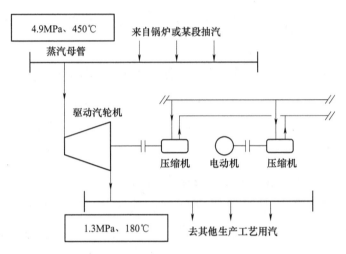

图 6-6 集中供气（压缩空气）的系统结构

5. 应用案例

怡得乐电子（杭州）有限公司压缩空气集中供气项目成功使用了该项技术，技术提供单位为杭州联投能源科技有限公司。

（1）用户情况说明 实际匹配的空气压缩机额定总气量达到 700m³/min，实际运行最大用气量 600m³/min，最小用气量 250m³/min，平均用气量 350m³/min，匹配的空气压缩机总额定功率达到 3160kW，实际运行功率接近 2000kW。

（2）实施内容与周期 新建压缩空气集中供气管网，空气管道长达 5km，管径 φ500mm。实施周期 12 个月。

（3）节能减排效果及投资回收期 用电量减少 192 万 kW·h/a，折合标煤 768tce/a。投资回收期 72 个月。

6. 未来 5 年推广前景及节能减排潜力

预计未来 5 年，集中供气（压缩空气）系统节能技术推广比例达到 40%，可实现节能量 2.8 万 tce/a，CO_2 减排量 7.29 万 t/a。

6.16　基于智能控制的节能空压站系统技术

1. 技术适用范围

基于智能控制的节能空压站系统技术适用于空压站系统节能改造。

2. 技术原理及工艺

该技术采用先进测控制技术、阀门技术、工业变频技术、综合热回收技术，对压缩空气系统中的空压机、冷燥设备、过滤设备、储气罐、管网阀门、终端设备等单元进行优化控制，优化压缩空气系统能量输配效率，提高空压机系统能效，从而达到综合节能。其工艺流程如图 6-7 所示。

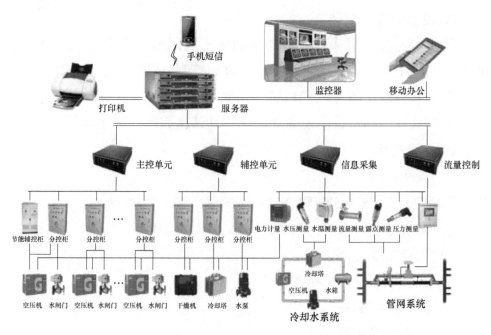

图 6-7　基于智能控制的节能空压站系统技术工艺流程

3. 应用案例

神马实业股份有限公司帘子布公司空压系统节能改造项目成功使用了该项技术，技术提供单位为杭州哲达科技股份有限公司，节能改造零气耗余热干燥系统、空压高效分级输送系统、群控系统、能源管理系统。节能改造后，节能率26%，节电量达662万kW·h/a，节能量2317tce/a，CO_2减排量5792.5t/a。

4. 未来5年推广前景及节能减排潜力

预计未来5年，基于智能控制的节能空压站系统技术推广比例达到5%，实现节能量4万tce/a，CO_2减排量9.97万t/a。

6.17　　卧式油冷永磁调速器技术

1. 技术适用范围

卧式油冷永磁调速器技术适用于大功率负载设备节能调速。

2. 技术原理及工艺

该技术通过调节从动转子与主动转子之间的气隙（距离）大小，控制从动转子所处位置的磁场大小，进而控制电动机转速与输出转矩。卧式油冷永磁调速器可取代风机、水泵等电动机系统中控制流量和压力的阀门或风门挡板，实现高效调速。其结构如图6-8所示。

3. 技术指标

1）效率：97%。

2）传递功率：0~5000kW。

3）配套电动机极数：2、4、6、8、10、12等。

4）调速精度：1%。

5）连续运行时间：40000h。

4. 技术功能特性

1）减振效果明显。

2）带缓冲的软起动。

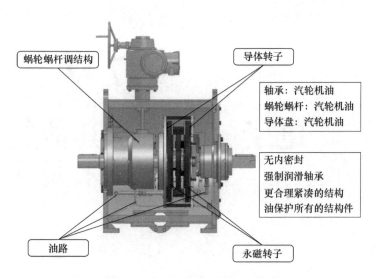

图 6-8 卧式油冷永磁调速器的结构

3）允许较大的安装对中误差。

4）寿命长，体积小，安装方便。

5. 应用案例

国电镇江大港电厂引风机新增永磁调速器项目成功使用了该项技术，技术提供单位为安徽沃弗电力科技有限公司。

（1）用户情况说明　2015 年，国电镇江大港热电厂将 3 号机组扩容为 15MW 机组，将原 560kW 引风机扩容为 1400kW、990r/min。

（2）实施内容与周期　2015 年机组扩容时，引风机新增卧式油冷型永磁调速器。实施周期 30 天。

（3）节能减排效果及投资回收期　按机组年运行 8000h 来说，年节约电量为 368.16 万 kW·h，折合 1487.3tce。投资回收期 6 个月。

6. 未来 5 年推广前景及节能减排潜力

预计未来 5 年，卧式油冷永磁调速器技术推广比例达到 5%，可实现节能量 3.5 万 tce/a，CO_2 减排量 9.45 万 t/a。

第7章

电子、轻工及其他行业节能技术及应用

7.1 基于电流确定无功补偿的三相工业节电器技术

1. 技术适用范围

基于电流确定无功补偿的三相工业节电器技术适用于低压三相交流电动机节能改造。

2. 技术原理及工艺

该技术利用电容器具有充、放电和贮电的特性，采用并联补偿电容器的方式，利用带有高速计算机芯片的自动限流补偿控制器对用电器进行无功补偿和有功电量剩余回收，并抑制瞬流、滤除谐波。

3. 应用案例

2010年，广西大都混凝土集团有限公司混凝土搅拌生产线节能改造项目成功使用了该项技术，技术提供单位为南宁恒安节电电子科技有限公司，共对34台电动机安装了24台节电器，改造完成后，实现节能量163.296tce/a。

4. 未来5年推广前景及节能减排潜力

预计未来5年，基于电流确定无功补偿的三相工业节电器技术推广比例达到10%，约可投入使用5万台节电器，可实现节能量38.88万tce/a。

7.2　节能型水电解制氢设备技术

1. 技术适用范围

节能型水电解制氢设备技术适用于分布式能源领域，适用于电能置换与贮存。

2. 技术原理及工艺

该成套装备的技术中，采用了"平板-拉网"结构，改进了原来的冲压乳头结构，使设备小型化，简化了制作工艺、提升了设备性能。高亲水性非石棉隔膜取代石棉隔膜，有效降低了电解电压，提升了设备性能，解决了石棉引起的致癌问题。新型电极材料、新型工艺的采用、电解槽垫片的改进，使设备电流密度达到了 $4000A/m^2$，比原来同体积设备产气量增加一倍。采用自动化控制，设备各个工艺参数和气体纯度都自动检测，完全能实现无人值守。在保证达到常规水电解制氢设备所要求的产量及纯度要求的前提下，高效、低能耗水电解制氢设备重点改进电流密度和单位能耗，电流密度比常规水电解制氢设备提高了一倍，单位能耗下降 10%~20%，达到 GB 32311—2015 能效标准一级标准。

3. 应用案例

江西耀升工贸发展有限公司两套水电解制氢设备节能改造项目成功使用了该项技术，项目采用 $200m^3/h$ 节能型水电解制氢设备，与之前传统设备相比，实现节能量 597.2tce/a，CO_2 减排量约 1456.5t/a。

4. 未来 5 年推广前景及节能减排潜力

预计未来 5 年，节能型水电解制氢设备技术推广比例达到 10%，可实现节能量 2.5 万 tce/a，CO_2 减排量约 6.1 万 t/a。

7.3 数据中心用 DLC 浸没式液冷技术

1. 技术适用范围

数据中心用 DLC 浸没式液冷技术，适用于数据中心 IT 设备的冷却。

2. 技术原理及工艺

服务器等 IT 设备放置于定制的液冷机柜中，机柜内注满绝缘无毒的冷却液，所有 IT 设备完全浸泡在冷却液里。冷却液吸收了服务器的热量后，通过循环泵将机柜内的高温液体经过管路送至液冷主机内，经过冷热交换，高温液体变成低温液体，再重新回流至机柜，继续吸收服务器热量；同时，进入液冷主机的水经过热交换后温度升高，经过管路输送至室外冷却塔中，经过冷却塔向大气散热后，温度降低，再经过水泵送至热交换器，继续吸收热交换器的热量。至此，通过冷却液和水的两个冷热循环，将服务器产生的热量置换到室外大气中。该技术不需要电制冷空调设备，完全利用自然冷源，可大幅降低数据中心冷却系统能耗。在同等 IT 负载下，采用液冷技术的数据中心 PUE 值如果为 1.2，冷却系统能耗约为节能风冷空调系统能耗的 1/3；约为传统风冷空调系统能耗的 1/6，节能效果十分显著。技术原理如图 7-1 所示。

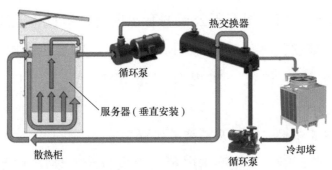

图 7-1 数据中心用 DLC 浸没式液冷技术原理

3. 应用案例

北京三轴空间科技有限公司 DLC 浸没式液冷项目成功使用了该项技术，技术提供单位为网宿科技股份有限公司。项目投资 360 万元，项目建设周期 3 个月，项目建成后，运行一年累计节电 317988kW·h，实现节能量 101.8tce/a，CO_2 减排量 23.8t/a。

4. 未来 5 年推广前景及节能减排潜力

预计未来 5 年，数据中心用 DLC 浸没式液冷技术推广比例达到 20%，可实现节电 6.25 亿 kW·h/a、节能量 20 万 tce/a、CO_2 减排量 46.875 万 t/a。

7.4　导光管日光照明系统技术

1. 技术适用范围

导光管日光照明系统技术适用于工业照明领域，常用于车间厂房、场馆仓库等照明。

2. 技术原理及工艺

导光管日光照明系统是太阳能光利用的新方式，可以替代日间电照明，能有效降低建筑物照明能耗。通过室外的采光装置捕获和收集阳光，并将其导入系统内部，再经过高传导性能的导光管进行传输，最后由底部的精密漫射器将滤掉紫外线的光线均匀照射到室内。系统密闭、保温、隔热，能完全替代白天的电力照明。结构如图 7-2 所示。

3. 应用案例

雀巢（中国）有限公司双城生产基地日光照明项目成功使用了该项技术，技术提供单位为盛旦节能技术（北京）有限公司，项目投入 19 万元，年实现效益 11.2 万元，投资回收期 1.7 年，实现节能量 30tce/a。

4. 未来 5 年推广前景及节能减排潜力

预计未来 5 年，导光管日光照明系统技术推广比例达到 20%。可

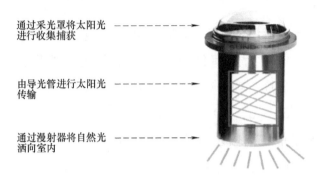

通过采光罩将太阳光 - - - - - - - →
进行收集捕获

由导光管进行太阳光 - - - - - - - →
传输

通过漫射器将自然光 - - - - - - - →
洒向室内

图 7-2 导光管日光照明系统结构

实现节能量 662.9 万 tce/a。

7.5 秸秆清洁制浆及其废液肥料资源化利用技术

1. 技术适用范围

秸秆清洁制浆及其废液肥料资源化利用技术适用于农作物秸秆节能减排及综合利用。

2. 技术原理及工艺

该技术针对秸秆纤维及其制浆造纸、制肥特点,以实现精细化备料、木素高效脱除、降低黑液黏度及提高黑液提取率为目标,达到节能减排,形成适于秸秆的独特制浆技术体系。采用锤式备料技术,提高备料草片合格率,减少蒸煮用药量和蒸汽消耗;采用草浆置换蒸煮技术和机械疏解-氧脱木素技术,提高得浆率,减少清水用量;采用制浆黑液生产木素有机肥技术,通过喷浆造粒制成富含黄腐酸、钾、硫和微量元素的绿色有机肥,实现了节能与资源综合利用。工艺流程如图 7-3 所示。

3. 应用案例

山东泉林纸业有限责任公司 20 万 t/a 制浆生产线项目成功使用了该项技术,技术提供单位为山东泉林纸业有限责任公司,项目总投资

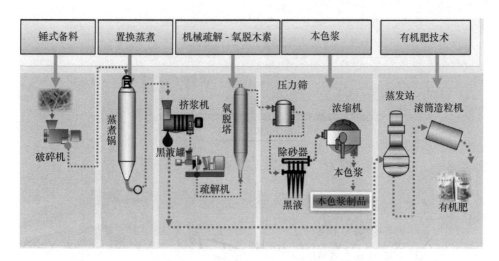

图 7-3 秸秆清洁制浆及其废液肥料资源化利用技术工艺流程

50327 万元，项目回收期 8.1 年（税后）。项目建成后，实现节约清水 600 万 m³/a、减排废水 600 万 m³/a，减排 COD 3040t/a，消除了 AOX 的产生，综合节能 3.06 万 tce/a。

4. 未来 5 年推广前景及节能减排潜力

预计未来 5 年，秸秆清洁制浆及其废液肥料资源化利用技术推广比例达到 20%，可实现节能量 306 万 tce/a。

7.6 永磁阻垢缓蚀节能技术

1. 技术适用范围

永磁阻垢缓蚀节能技术适用于工业、民用及军用管道。

2. 技术原理及工艺

该技术在强磁条件下让流体经过磁力线切割，增强流体活性并使其小分子团化，改变了多相流材料分子的结合态，阻止了流体中钙、镁离子等杂质结合成为结晶类硬垢或蜡垢，实现了流体在无阻垢中运行，达到节能效果。技术原理如图 7-4 所示。

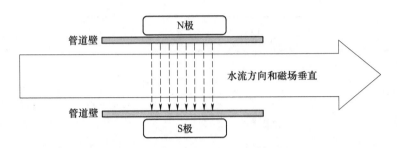

图 7-4　永磁阻垢缓蚀节能技术原理

3. 技术指标

1）磁通密度≥8000Gs。

2）耐压等级≥2.5MPa。

3）阻垢率>65%。

4）缓蚀率>60%。

5）耐温：100℃。

6）工作寿命≥8年，质保期2年。

7）安装方式：截管或旁通式安装。

4. 技术功能特性

1）多功能集成：集阻垢、除垢、缓蚀、抑藻、抑蜡和节能等功能为一体，实现了多功能集成化。

2）免能源运行，无污染排放，绿色环保。

3）自主知识产权，能按客户和项目需求个性化设计定制。

5. 应用案例

南京农业大学蒸汽锅炉改造项目。技术提供单位为江苏能瑞环保节能科技有限公司。

（1）用户情况说明　两台6t锅炉，锅炉8~10h运转。

（2）实施内容与周期　两台6t锅炉进水管上安装永磁设备，不更改原有管线。实施周期1天。

（3）节能减排效果及投资回收期　经济效益达15.3万元，减少CO_2排放471.6t/a，可节约175tce/a。投资回收期9个月。

6. 未来 5 年推广前景及节能减排潜力

预计未来 5 年，永磁阻垢缓蚀节能技术推广比例达到 35%，可实现节能量 39 万 tce/a，CO_2 减排量 105 万 t/a。

7.7 染色工艺系统节能技术

1. 技术适用范围

染色工艺系统节能技术适用于纺织印染工艺节能改造。

2. 技术原理及工艺

该技术以"筒子纱数字化自动染色成套技术与装备"为技术基础，创新研究浸堆染色工艺；升级研究关键系统装备及中央控制系统、MES、ERP 系统等，实现从原纱到色纱成品全流程的绿色化、数字化和智能化生产。技术路线如图 7-5 所示。

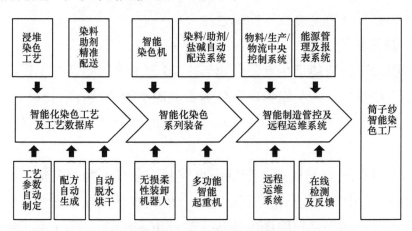

图 7-5 染色工艺系统节能技术路线

3. 技术指标

1）主机设备数控化率达 92%。

2）建立生产任务信息化管理系统，实现自动排产和智能调度，设备使用效率提高 28%。

3）多种染料智能精确配送，无误投放，称量精度 ≤0.01%，投放准确率 100%。

4）染色工艺参数的实时传输、任务执行状态的实时显示，时间周期≤0.5s。

5）染色一次符样率达 98% 以上。

6）智能染色工厂可实现吨纱节水 70%、节电 45%、节汽 58%，减少污水排放 68%。

4. 技术功能特性

1）创新研究浸堆染色工艺，创建染色工艺数据库，实现智能排产。

2）研究纱线少水精准染色的智能染色机、全自动染料/助剂配送系统及设备等智能染色系列设备，实现精准少水染色。

3）开发无损柔性装卸纱机器人、锁扣机器人、智能天车等物流设备，提高生产效率；升级中央控制、能源管控、MES、ERP 等智能管控系统，实现染色全流程智能绿色生产。

5. 应用案例

新疆康平纳智能染色有限公司年产 20 万 t 的智能染色工厂项目成功使用了该项技术。技术提供单位为泰安康平纳机械有限公司。

（1）用户情况说明　年产 20 万 t 智能染色工厂能源消耗为水、电、蒸汽。

（2）实施内容与周期　配置中央控制、在线检测及反馈、能源管控、MES、ERP 等智能管控系统、全自动染料/助剂配输送机、装卸纱机器人等一系列先进智能染色装备，建设 10 个年产 2 万 t 筒子纱智能染色工厂。实施周期 36 个月。

（3）节能减排效果及投资回收期　改造后，节能量 35.6 万 tce/a。投资回收期 77 个月。

6. 未来 5 年推广前景及节能减排潜力

预计未来 5 年，染色工艺系统节能技术推广比例达到 5%，可实现节能量 178 万 tce/a，CO_2 减排量 475 万 t/a。

7.8 石墨烯电暖器与太阳能辅助供暖系统技术

1. 技术适用范围

石墨烯电暖器与太阳能辅助供暖系统技术适用于供暖系统节能改造。

2. 技术原理及工艺

该技术基于 CVD 法制备石墨烯膜，与 PET 复合成石墨烯发热膜组，该膜组与水暖有机结合，升温快、电热转换率高；同时保持水暖高储热、对空气湿度影响小、人体舒适感好等优点，在此基础上与传统水暖有机结合形成石墨烯复合热交换器。合理配置太阳能集热装置，实现石墨烯电暖与太阳能辅热的互补供暖。石墨烯复合热交换器制备工艺如图 7-6 所示。

3. 技术指标

1）石墨烯电暖器：自然循环型 600W、1200W、1400W；集中换热式 15kW、24kW；"石墨烯电热与太阳能辅助"供暖系统，功率依据实际供暖工程而定。

2）单机电热效率达到 99%，工程电热效率大于 92%。

3）"石墨烯电热与太阳能辅助"供暖系统，相变蓄热装置可实现全谷电运行，有效降低能耗 20% 以上。

4. 技术功能特性

1）低电压加热更安全。

2）面发热更均匀。

3）结合传统水暖更舒适。

4）实现智能家居更节能。

5）远红外光波理疗效果更显著。

5. 应用案例

天津宝坻京津新城众创特区供暖改造示范项目成功使用了该项技

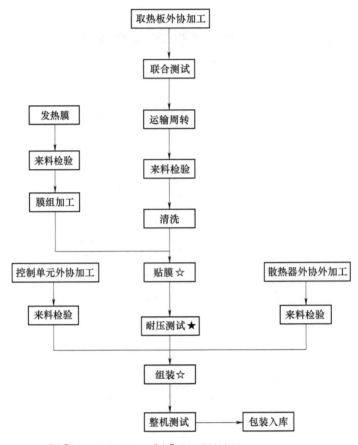

"★"表示特殊过程，"☆"表示关键过程。

图 7-6 石墨烯复合热交换器制备工艺

术。技术提供单位为天津北方烯旺材料科技有限公司。

（1）用户情况说明 以用户之一北方人才为例，平均运行功率 8.2kW，热负荷 35.6W/m²，工程电热转换效率 92.64%，室温保持在 18℃±2℃以上。采暖面积 230m²，整个供暖季总耗电量 12957kW·h，折算供暖季单位面积电耗为 56.3kW·h/m²。

（2）实施内容与周期 共改造供暖面积 3099m²，其中 12 户安装 15kW 集中换热式石墨烯电暖器，面积 2262m²；4 户安装 1200W 自然循环型石墨烯电暖器，面积 837m²。实施周期 4 个月。

（3）节能减排效果及投资回收期 改造后节约能耗为 30%，实现节能量 62tce/a。投资回收期 43 个月。

6. 未来 5 年推广前景及节能减排潜力

预计未来 5 年，石墨烯电暖器与太阳能辅助供暖系统技术推广比例达到 10%，可实现节能量 19.8 万 tce/a，CO_2 减排量 53.5 万 t/a。

7.9 基于能耗在线检测和电磁补偿的用电保护节能技术

1. 技术适用范围

基于能耗在线检测和电磁补偿的用电保护节能技术适用于配电系统节能改造。

2. 技术原理及工艺

该技术采用移植创新法与整合创新法，综合运用治理电能污染、提高功率因数、智能促进三相平衡、智能清洁电网、智能无功补偿、智能电磁储能、智能调流调压、远程监测和管理节能，将大部分高次谐波各相电流相互抵消或吸收，并转化为磁能，再由补偿绕组同步将转化后的电流补偿给负载端，从而降低负载因涡流、谐波分量造成的电能损耗。生产工艺如图 7-7 所示。

3. 技术指标

1）适用频率：50Hz 或 60Hz。

2）抗振等级≤6 级。

3）电压范围：低压型 200~480V，高压型 6~35kV。

4）空载损耗≤0.7%。

5）负载损耗≤2%。

4. 技术功能特性

1）复合实时的电抗滤波设备节能保护技术。

2）集手机、座机、短信和互联网一体的电信级管理节能平台

工业节能技术及应用案例

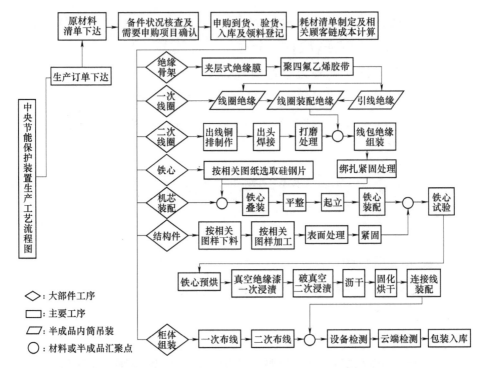

图7-7　基于能耗在线检测和电磁补偿的用电保护节能生产工艺

技术。

5. 应用案例

青岛明月海藻集团有限公司改造项目成功使用了该项技术。技术提供单位为成都祥和云端节能设备集团有限公司。

（1）用户情况说明　1号2500kVA变压器低压配电系统，年用电量约835万kW·h，年电费约550万元。

（2）实施内容与周期　安装1台装置，用于1号2500kVA变压器低压配电系统的中央节能保护技改项目。实施周期10天。

（3）节能减排效果及投资回收期　经中国测试技术研究院检测，节电率达到8.76%，该项目年用电量约835万kW·h，年节约用电73万kW·h，折算为265tce。投资回收期35个月。

6. 未来5年推广前景及节能减排潜力

预计未来5年，基于能耗在线检测和电磁补偿的用电保护节能技

112

术推广比例达到 20%，可实现节能量 7.2 万 tce/a，CO_2 减排量 19.44 万 t/a。

7.10　AI 能源管理系统

1. 技术适用范围

AI 能源管理系统适用于能源管理系统改造。

2. 技术原理及工艺

该技术通过能源系统采集数据并进行自动控制或远程操作，根据室外温度和作息时间独立调整每一个设备的运行情况，达到分时分区控制的功能，实现自动气候补偿，做到冷热量分配均匀，实现按需供冷、供热的需要，从技术手段上改变传统的供冷、供热方式，极大地提高用户的舒适程度，在保证空调舒适的前提下实现节能减排的目标。能够在原能源系统的基础上再降低 20% ~ 30% 的能耗。

3. 技术指标

1）人工智能算法结合节能策略，如气候补偿、分时分温、负荷分配、负荷预测、水泵变频等技术实现系统标准化节能方案。

2）分析处理能源数据指导末端系统运行。利用神经网络寻找各项数据中内在联系，研究供能系统节能运行参数间的关系，寻找最优运行策略，最终指导末端系统运行。

3）上传速率最快可实现多项目同时在线每 2s 上传 1 次，可同时监控 500 万个项目。

4）节能率稳定保持在 20% ~ 30%。

4. 技术功能特性

1）针对各类空调暖通系统全设备集中全自动控制。

2）耐高温、耐低温、耐高湿度，抗振。

3）支持 RS232、RS485、TCP/IP 通信协议。

4) 数据直接上传云平台数据库，无第三方网关不稳定风险。

5. 应用案例

北京诺德中心二期空调机房节能改造项目成功使用了该项技术。技术提供单位为北京合创三众能源科技股份有限公司。

（1）用户情况说明　北京诺德中心二期建筑面积约 25 万 m^2，夏季空调制冷由超高层地下二层供冷机房提供冷源，年制冷用电量为 18 万 kW·h。供冷机房水冷空调系统有 4 台开利离心式冷水机组，配有冷却水泵 6 台，冷却塔 7 台 14 个风扇，空调侧冷冻水泵 12 台。

（2）实施内容与周期　原项目无单独的能源计量设备，加装水泵及高压主机能源计量远传电表；原项目自控系统无法正常使用，加装及改造自动控制设备；原项目系统温度、压力传感器损坏，更换新的传感器及远传信号电缆；增加一套云计算处理节能策略。实施周期 2 个月。

（3）节能减排效果及投资回收期　改造后节能量为 784908kW·h，折合标煤 314tce/a。投资回收期 24 个月。

6. 未来 5 年推广前景及节能减排潜力

预计未来 5 年，AI 能源管理系统推广比例达到 10%，可实现节能量 82 万 tce/a，CO_2 减排量 221.4 万 t/a。

7.11　　工业用复叠式热功转换制热技术

1. 技术适用范围

工业用复叠式热功转换制热技术适用于污水处理节能改造。

2. 技术原理及工艺

采用多级换热技术，工艺废水和新水经前效和后效换热，废水温度可由 80℃降至 30℃以下，然后再通过中间介质使用热泵技术进行进一步的热量回收，最终废水排放温度达到 20~25℃，新水温度达到 65~

75℃，系统能效比可达 15 以上，工艺流程：

1）收集热源，通过水泵将高温废水收集在污水箱。

2）清水通过板换先后与热泵机组产生的热量和污水的热量进行交换，加热后的热水进入热水箱，供生产使用。

3）热泵机组产生的冷量通过板换由污水带走，或者通过新风机组供车间夏季降温，改善工作环境用。

4）清水的出水温度和污水的出水温度由可编程序控制器（PLC）控制电动调节阀的开度，调节出水量，达到设定的温度。

3. 技术指标

1）流量：$12 \sim 15 m^3/h$。

2）废水进水温度：$70 \sim 80℃$，排水温度 $20 \sim 25℃$。

3）新水进水温度：$15 \sim 20℃$，排水温度 $65 \sim 75℃$。

4. 技术功能特性

1）"双隔离多级换热技术"，防止新水和废水的硬度和化学药剂对热泵机组造成结垢和腐蚀破坏，有效减轻换热系统清洗频率。

2）杂质过滤精度高，"初级过滤—滤网—丙纶短纤维工业滤布"组成的三级过滤系统对高温废水进行分级过滤处理，从根本上解决了印染污水中的绒毛难以过滤，废热再利用困难的行业难题。

5. 应用案例

江阴市华腾印染有限公司余热回收项目。技术提供单位为威海双信节能环保设备有限公司。

（1）用户情况说明　改造前主要通过蒸汽对水进行加热，损耗的蒸汽折算成标准煤，每年约 1111.77t。

（2）实施内容与周期　安装工业用复叠式热功转换制热机组 1 套，污水箱 1 个，热水箱 1 个，过滤器 3 套，污水泵 4 台，热水泵 2 台。实施周期 2 个月。

（3）节能减排效果及投资回收期　改造后可实现节能量 831tce/a。投资回收期 18 个月。

6. 未来 5 年推广前景及节能减排潜力

预计未来 5 年，工业用复叠式热功转换制热技术推广比例达到 5%，可实现节能量 7.2 万 tce/a，CO_2 减排量 19.4 万 t/a。

7.12　　低浴比染色机系统节能技术

1. 技术适用范围

低浴比染色机系统节能技术适用于纺织染色机系统节能改造。

2. 技术原理及工艺

该技术采用可调流调压智能喷嘴系统、快速匀色横向染液循环系统、防褶痕智能控制横向后摆布技术、低浴比环保染色工艺精准在线检测控制技术、SOR 智能水洗系统、无损高效蒸汽直加热降噪防振预备缸系统，降低染色浴比，实现高效节能环保染色。低浴比高温生态环保染色机浴比低至 1:4~1:4.8，实现高效节能环保染色，节省水、电、蒸汽及助剂，减少污染物排放，解决了传统染色机浴比大、能耗高、排放大等问题。其结构如图 7-8 所示。

图 7-8　低浴比染色机结构图

1）前处理工艺：去除布料油污、黏着物。

2）染色：包括喷涂、浸染、循环、清洗四个过程。

3）后处理工艺：主要进行后续的处理及清洗。

3. 技术指标

1）浴比低至 1:4~1:4.8。

2）耗水量≤32.5t/吨布，比浴比1∶7的染色机节约49%以上，污水排放量减少49%以上。

3）耗电量≤112kW·h/吨布，比浴比1∶7的染色机节约17%以上。

4）耗蒸汽量≤2.5t/吨布，比浴比1∶7的染色机节约48%以上。

5）助剂用量≤0.45t/吨布，比浴比1∶7的染色机减少32%以上。

4. 技术功能特性

1）可调流调压智能喷嘴系统：能根据不同织物品种、面料克重，通过计算机设定具体喷嘴压力、流量以及自动调节喷嘴间隙大小。

2）快速匀色横向染液循环系统：可以克服染料或助剂产生沉淀问题。

3）防褶痕智能控制横向后摆布技术：可以根据不同布种、面料克重和工艺要求等设置参数，达到织物均匀一致地堆满布槽的目的。

4）低浴比环保染色工艺精准在线检测控制技术：可以根据染整工艺的工序安排，计算每一染整工序所需要的最佳注水量大小。

5）无损高效蒸汽直加热降噪防振预备缸系统：通过程序控制还可预加助剂、注料，进一步缩短工艺时间。

5. 应用案例

福建凤竹纺织科技有限公司低浴比高温生态环保染色机项目成功使用了该项技术。技术提供单位为佛山市巴苏尼机械有限公司。

（1）用户情况说明　改造前使用的溢流染色机，浴比1∶8，能耗高、排放大；耗水量≥64t/吨布；耗电量≥134.4kW·h/吨布；耗蒸汽量≥4.8t/吨布。

（2）实施内容与周期　淘汰浴比1∶8以上的大浴比溢流染色机，采用38台低浴比高温生态环保染色机。实施周期12个月。

（3）节能减排效果及投资回收期　年节省水73.60万 m³，年节省蒸汽5.48万t，年节电53.59万kW·h，年节省7326 tce。投资回收期10个月。

6. 未来 5 年推广前景及节能减排潜力

预计未来 5 年，低浴比染色机系统节能技术推广比例达到 5%，可实现节能量 18.1 万 tce/a，CO_2 减排量 48.87 万 t/a。

7.13 宽温区冷热联供耦合集成系统技术

1. 技术适用范围

宽温区冷热联供耦合集成系统技术适用于工业及商业领域的制冷及空调设备。

2. 技术原理及工艺

该技术基于新型制冷优化技术、回收冷凝无效废热技术，在提升低温制冷系统性能的基础上，采用冷凝热全热热泵回收、冷-热系统间热量优化匹配、热水升温闪蒸、水蒸气增压、自动控制等技术，提升低温制冷系统性能以及低品位冷凝废热回收利用，实现宽广温区范围内（-50~200℃）的冷热联供、水汽同制。工艺路线如图 7-9 所示。

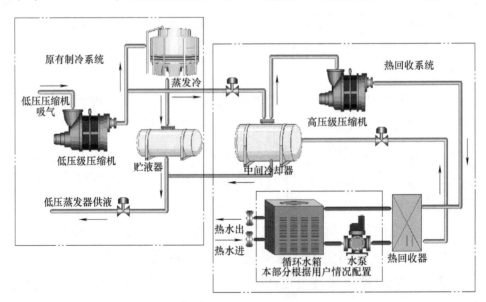

图 7-9　宽温区冷热联供耦合集成系统技术工艺路线

3. 技术指标

1）NH_3/CO_2 复叠制冷系统：CO_2 蒸发温度 -40℃，NH_3 冷凝温度 40℃，制冷 COP = 1.41。

2）NH_3 高温制热系统：饱和吸气温度 40℃，制取热水温度 65℃，制热 COP = 7.45。

3）微压蒸汽发生系统：蒸发温度 65℃，制取 0.1MPa G 饱和水蒸气，制热 COP = 4.08。

4）蒸汽制热系统：蒸发温度 65℃，制取 0.6MPa G 过热水蒸气，制热 COP = 2.48。

4. 技术功能特性

1）NH_3/CO_2 复叠制冷系统解决了制冷低温状态下耗能高等问题，实现系统节能。

2）CO_2 专用压缩机提高 CO_2 螺杆制冷压缩机在大压差、小压比工况时的容积效率、绝热效率和可靠性。

3）低温 CO_2 专用速冻装置提高末端风场温度场的换热效率，降低末端换热温差。

4）高效蓄热：采用水蓄热技术，解决冷热需求不同步问题，贮存制取的多余热量。

5. 应用案例

青岛平度九联食品有限公司热回收系统项目成功使用了该项技术。技术提供单位为冰轮环境技术股份有限公司。

（1）用户情况说明　该公司原使用锅炉制蒸汽，每天蒸汽总量需求为 13.5t，需要消耗烟煤 3294.4kg。

（2）实施内容与周期　在原有制冷系统排气管道与蒸发式冷凝器间并联一路 200kW 装机功率的冷凝废热回收热泵机组一台，用于锅炉补热和漂烫池补水。增加 NH_3/CO_2 复叠制冷系统一台，用于快速冻结分割鸡翅、鸡腿等产品。采用热回收系统后，蒸发式冷凝器的开启台数可减少一台。实施周期 150 天。

（3）节能减排效果及投资回收期 单台套节能 1590tce/a，该项目工程（含设备）总价为 60 万元。投资回收期 10 个月。

6. 未来 5 年推广前景及节能减排潜力

预计未来 5 年，宽温区冷热联供耦合集成系统技术推广比例达到 30%，可实现节能量 31.8 万 tce/a，CO_2 减排量 85.9 万 t/a。

7.14　高温气源热泵烘干系统节能技术

1. 技术适用范围

高温气源热泵烘干系统节能技术适用于涂装业的钣金烘干、餐具烘干等。

2. 技术原理及工艺

该技术利用热泵机组从空气中提取热量，制取烘干加热热风烘干物料，替代传统烘干系统中电加热器或燃料加热器，实现节能的效果，通过让工质不断在系统内完成蒸发（吸取环境中的热量）→压缩→冷凝（放出热量）→节流→再蒸发的热力循环过程，从而将外界环境空气里的热量转移到系统内部空气中。基本原理如图 7-10 所示。

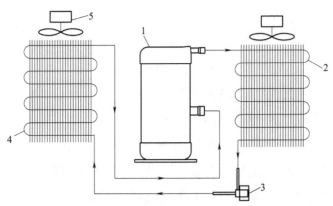

图 7-10　高温气源热泵烘干系统节能技术基本原理

1—压缩机　2—冷凝器　3—电子膨胀阀　4—蒸发器　5—风扇

3. 技术指标

1）烘干出风温度 40~75℃可调。

2）保温抽湿下，抽湿量指数可达 2L/kW。

3）机组运行环境温度-7~43℃。

4）机组性能系数（COP），在标准工况（环境温度干球 20℃、湿球 15℃），出风温度 70℃时，能效比≥2.25，即比电加热节约 55%的电能。

4. 技术功能特性

1）封闭式高温抽湿技术，减少烘干系统的热量损失和改善车间环境。

2）无霜制热技术，特殊的系统设计，不需要四通阀换向化霜，不间断制热。

3）防腐蚀热交换器，为适应工业使用需要，烘干机的热交换器都进行防腐蚀设计。

5. 应用案例

德庆顺晟清洗有限公司节能改造项目成功使用了该项技术。技术提供单位为佛山光腾新能源股份有限公司。

（1）用户情况说明 连续性生产，每小时能烘干 500 套以上的餐具，热风温度>70℃，设备可连续运转，需具有一定的抗洗涤剂腐蚀能力。

（2）实施内容与周期 用空气源热泵机组为系统提供热量，而生产线按原来安装位置，改造过程中，原有的高温风机继续沿用，降低改造成本。实施周期 15 天。

（3）节能减排效果及投资回收期 改造后烘干系统耗电量仅为 83645kW·h/a，节约电能 116355kW·h，折合标煤 46.5tce/a。投资回收期 18 个月。

6. 未来 5 年推广前景及节能减排潜力

预计未来 5 年，高温气源热泵烘干系统节能技术推广比例达到 30%，可实现节能量 15 万 tce/a，CO_2 减排量 40 万 t/a。

7.15　　商用炉具余热利用系统技术

1. 技术适用范围

商用炉具余热利用系统技术适用于商用炉具余热利用改造。

2. 技术原理及工艺

该技术利用翅片换热等技术回收商用炉灶排出的高温废气热量，并用于加热冷水获得高温热水，减少热水设备的一次能源消耗，并且有效改善操作者的工作环境。通过商用炉具余热利用系统云平台对接余热炉具设备，做到精确感知、策略控制、精准操作、精细管理，提供稳定、可靠、低维护成本的一站式节能云服务。工艺流程如图7-11所示。

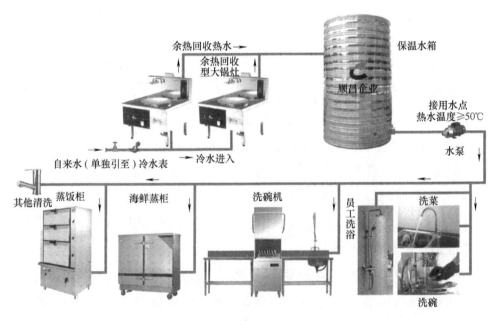

图 7-11　商用炉具余热利用系统技术工艺流程

3. 技术指标

1）大锅灶系统热效率64.2%，余热利用率31.7%。

2）炒灶系统热效率49.8%，余热利用率21.3%。

4. 技术功能特性

1）节能效果明显，每台余热回收炉灶年节约标煤约7t。

2）显著降低炊事场合的工作环境温度，减少火灾隐患。

3）基于云计算物联网技术的余热利用控制系统。

5. 应用案例

扬子江万丽大酒店改造项目成功使用了该项技术。技术提供单位为合肥顺昌余热利用科技有限公司。

（1）用户情况说明　原职工食堂3台常规型炊用燃气大锅灶和2台常规型中餐燃气炒菜灶。

（2）实施内容与周期　更换3台余热回收型大锅灶和2台余热回收型炒灶及余热利用系统云平台。实施周期1天。

（3）节能减排效果及投资回收期　改造后，每日产热水约4t，节约用电8.3万kW·h/a，综合节能33.2tce/a。投资回收期21个月。

6. 未来5年推广前景及节能减排潜力

预计未来5年，商用炉具余热利用系统技术推广比例达到15%，可实现节能量20.8万tce/a，CO_2减排量56.1万t/a。

7.16　浅层地热能同井回灌技术

1. 技术适用范围

浅层地热能同井回灌技术适用于工厂、住宅、办公楼等供热领域。

2. 技术原理及工艺

采用浅层地热能同井转换装置，将水中携带的低品位地热交换给热泵系统，换热后的地下水通过原井回灌到井周围的土壤中，并与土壤进行二次热交换，充分利用地热能量，实现持续、恒定地供应制冷、制热所需的能量。结构原理如图7-12所示。

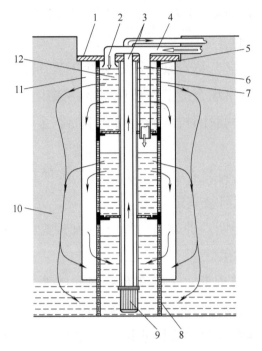

图 7-12　浅层地热能同井回灌技术结构原理

1—井盖　2—回水支管一　3—出水管　4—回水管　5—支撑透水管　6—回水支管二

7、8—透水段　9—潜水泵　10—土壤层　11—环形渗水层　12—出水管套管

3. 技术指标

根据不同地质条件，单口井换热量在 480～700kW 之间，可满足 10000～15000m² 公共建筑或 20000m² 住宅建筑的供冷供暖需求。

4. 技术功能特性

利用浅层地热能同井回灌技术冬季消耗 1 份电能，可以为室内提供约 4 份热能，按一次能源利用率计算可以达到 120% 以上，按民用电价计算、供热成本低于集中供热；夏季制冷工况比普通中央空调节能 30% 以上。

5. 应用案例

鑫港假日酒店中央空调改造工程项目成功使用了该项技术。技术提供单位为河南润恒节能技术开发有限公司。

（1）用户情况说明　综合能耗为 66.5584 万 kW·h，供给面积为 12000m²，单位面积能耗为 55.47kW·h/m²。

（2）实施内容与周期　水源井系统改造，机房设备更新及输配系统改造，自动化控制策略调优，远程监控系统。实施周期 15 天。

（3）节能减排效果及投资回收期　节约用电 101.61 万 kW·h/a，折合标煤 124.87tce/a。投资回收期 2 个月。

6. 未来 5 年推广前景及节能减排潜力

预计未来 5 年，浅层地热能同井回灌技术推广比例达到 20%，可实现节能量 45 万 tce/a，CO_2 减排量 121.5 万 t/a。

第8章

典型工业节能技术应用案例分析

8.1.1   技术信息

1. 技术研究背景

随着我国对环境污染的治理力度持续加大，政府对环境方面的投入逐年增加，污水处理行业迎来了发展的高峰期，行业规模高速增长。国家统计局《2016 年国民经济和社会发展统计公报》数据显示，2016年年末，我国城市污水处理厂日处理能力 14823 万 m^3，比上年年末增长 5.6%；城市污水处理率为 92.4%，提高 0.5 个百分点。《"十三五"全国城镇污水处理及再生利用设施建设规划》提出：到 2020 年年底，实现城镇污水处理设施全覆盖。城市污水处理率达到 95%，其中地级及以上城市建成区基本实现全收集、全处理；县城不低于 85%，其中东部地区力争达到 90%；建制镇达到 70%，其中中西部地区力争达到50%。"十三五"城镇污水处理及再生利用设施建设共投资约 5644 亿元。其中，各类设施建设投资 5600 亿元，监管能力建设投资 44 亿元。节能减排的需求及相关政策要求，为先进污水处理设备的研发及应用提供了广阔发展空间。

目前，污水处理工艺五花八门，但其中使用最普及、运行数量最多、最成熟的技术是活性污泥法。在污水处理的活性污泥法工艺中，曝气鼓风机是处理工艺的核心设备之一。污水处理厂能耗成本占其运营维护成本的 60% ~ 80%，主要集中在污水提升、曝气供氧、污泥输送与处理和混凝沉淀等部位，其中曝气供氧过程中鼓风机的能耗占整个污水处理厂能耗的 50% ~ 60%。目前，绝大多数污水处理厂使用的曝气鼓风机尺寸及重量较大，增加了地基处理及鼓风机房的土建投资，增加了安装工程费用，且噪声较大，维护成本较高。因此，选择低能耗、低噪声、安装维护方便且在污水处理厂全生命周期内成本最低的鼓风机是今后污水处理行业曝气鼓风机的发展趋势。

2. 技术特点及适用范围

技术特点：磁悬浮单级离心鼓风机属于新形式的单级高速离心鼓风机，由于采用先进的变频调速、磁悬浮轴承等技术，取消了传统单级高速离心鼓风机的齿轮增速组件及润滑系统，满足污水处理厂对曝气鼓风机节能、环保、风量调节范围广泛、低噪声、低振动及安装维护方便等要求，是未来污水处理行业曝气鼓风机的发展趋势。

适用范围：适用于市政污水处理、电厂脱硫、食品发酵、皮革化工、造纸印染、生物医药等领域供气系统。

3. 关键装备或工艺

（1）磁悬浮轴承技术 磁悬浮轴承又称电磁轴承，转子垂直方向受到轴承的电磁力，铁磁性转子在上下电磁铁吸引力的联合作用下，其合力恰好和重力相互平衡，处于悬浮状态，当有一个干扰力使转子偏离悬浮的中心位置时，通过非接触方式的高灵敏度传感器检测出转子相对于平衡点的位移，并产生对应状态的电信号，经信号调理和 A/D 采样转换后作为系统的输入值送到控制器中；控制器的高速运算单元根据预先设计的控制逻辑算法运算产生实时控制信号；控制信号通过 D/A 输出并经过功率放大器实时调整在电磁线圈中产生的相应控制电流，从而在电磁铁上产生能够抵消干扰、保持转子稳定、不接触的电磁力，将转子从偏离位置拉回中心平衡位置，达到稳定控制转子悬浮运转的目的，磁悬浮轴承结构如图 8-1 所示。

（2）磁悬浮鼓风机技术　磁悬浮离心鼓风机是采用磁悬浮轴承的透平设备的一种。其结构特点是鼓风机叶轮直接安装在电动机转子的延伸端上，而转子被垂直悬浮于主动式磁性轴承控制器上。整个鼓风机不需要增速器及联轴器，实现由高速电动机直接驱动，由变频器来调速。磁悬浮鼓风机采用一体化设计，高速电动机、变频器、电磁轴承控制系统和配有微处理器控制盘等部件高度集成，其核心技术是磁悬浮轴承和永磁电动机技术，磁悬浮鼓风机结构如图 8-2 所示。

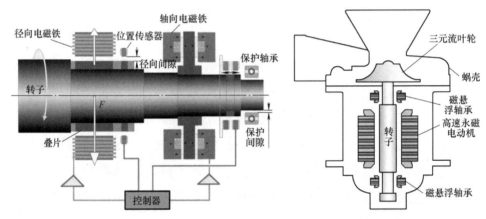

图 8-1　磁悬浮轴承结构图　　　　图 8-2　磁悬浮鼓风机结构示意图

基于磁悬浮高速电动机的离心鼓风机综合节能技术主要采用磁悬浮轴承、高速永磁电动机、三元流叶轮结构等技术，通过在电动机主轴两端施加磁场使轴悬浮，从而实现无摩擦、无润滑、高转速。转速大幅度提升的同时，直接省去传统的齿轮箱及传动机制，实现叶轮与电动机直连，具有高效率、高精度、全程可控的特点。磁悬浮轴承技术从根本上解决了传统轴承易损坏、转速低等问题，有效改善了鼓风机的产品性能，实现了鼓风机运行的精确控制、无摩擦、高效率、免维护。高速永磁电动机在转子上安装了永磁体，在定子绕组中通入三相电流形成旋转磁场带动转子进行旋转，最终达到稳定状态的转子旋转速度与定子中产生的旋转磁极的转速相等，相比电励磁同步电动机和异步电动机的最大优点在于，转子没有导条，不需要采用硅钢片，因此具有极为简单和结实的转子结构，高速性能优异，同时永磁电动机转子动能损耗非常小，能效较传统电动机高；应用三元流叶轮结构技术设计的离心鼓风机是利用高速旋转的叶轮将气体加速，然后在风机壳体内减速、改变流向，使动能转换成压力能，叶轮在旋转时产生离心力，将空气从叶轮中甩出，汇集在机壳中升高压力，从出风口排出。叶轮中的空气被排出后，形成了负压，抽吸着外界气体向风机内补充，相比传统罗茨风机节能 30%～40%、相比多级离心风机节能 20%以上、相比单级高速鼓风机节能 10%～15%。

（3）智能变频及远程监控系统 磁悬浮鼓风机采用智能变频控制和 PLC 智能控制，可以根据现场情况调节转速，实现风量和压力的实时调节。同时 PLC 智能控制系统还可以实现设备的远程控制和自身保护功能。

（4）防喘振系统设计技术 对产生喘振条件进行甄别，通过流量传感器、压力传感器以及放空阀等部件的集成应用，使鼓风机实现自动规避进入喘振区域，实现自我保护。

（5）大功率磁悬浮鼓风机技术 采用内部自循环水冷方式解决电动机散热问题；采用永磁复合转子技术，解决在高速运行时材料结构强度问题；采用高精度电磁轴承控制技术，解决高温高线速度引起的形变以及转子动力学问题；采用钛合金材质叶轮，解决高压力高转速下叶轮强度问题。

4. 行业评价

工业和信息化部于 2017 年 2 月 23 日，在天津召开了亿昇（天津）科技有限公司研发的"高效节能磁悬浮离心鼓风机"科技成果鉴定会。会议一致认为：该成果的产品已经得到批量运用，运行可靠，节能效果明显，满足环保、能源等行业节能减排的需求，相关产品及技术达到国际先进水平，其中磁悬浮离心式鼓风机单机功率及系统效率国际领先。

该技术入选了工业和信息化部 2017 年《国家工业节能技术装备推荐目录》和《国家工业节能技术应用案例与指南》。

5. 推广情况

风机制造业在机械行业中隶属于通用机械行业，总产值占通用机械行业的 12%，目前应用较为广泛的风机主要有：离心鼓风机、离心通风机、轴流通风机等。

磁悬浮单级离心鼓风机电动机与叶轮直连，无齿轮增速装置，无任何机械接触，无须润滑油系统，没有磨损及能量损耗，维护费用较低。采用变频器调速调节风量，比节流阀节能，且风量调节范围广泛，一般为 45%～100%。所有部件（高速电动机、变频器、磁悬浮轴承）集成安装在普通底座上，无须特殊固定基础，设备体积小、重量轻、安装操作方便，运行时低噪声、无振动，噪声 80dB 以下。如果按目前 1.5 亿 m^3/d 处理能力计算，已装机容量折合约为 11250 台 200kW 鼓风机，据估计其中 50% 以上为大能耗的低端鼓风机，按节能减排需要应进行节能技术改造、升级换代。则未来仅国内污水处理行业的市场规模就折合为 5625 台 200kW 节能环保类鼓风机，价值约为 60 亿元人民币，如全部替换为高能效磁悬浮鼓风机，则节能潜力巨大。预计该技术至 2020 年推广比例将超过 20%，每年可节约标煤 76.87 万 t。

我国从"十二五"以来要求大力推进节能降耗，健全节能市场化机制，加强节能能力建设，开展万家企业节能低碳行动等各项活动，促进了产品的推广。该技术拥有完整的核心知识产权，技术先进、性能可靠，价格是同类产品的 1/4 到 1/2，甚至更低，并且相比国外厂家，本土服务全面快捷。

8.1.2 工程案例

1. 案例一：泰达新水源西区污水处理厂改造项目

（1）改造前能耗情况 天津开发区西区污水处理厂建于 2006 年，2007 年 1 月份投入运营，2010 年扩建总规模达到 5 万 t，实际处理量 3

万 t。采用 A2O 工艺，原采用罗茨鼓风机，单机风量 58.6m³/min，升压 68.6kPa，功率 132kW，运行两用两备，电耗高，噪声大，故障率高。原设计出水水质达国家一级 B 标，现要求出水水质达国家一级 A 标，需要进行提标改造。

（2）改造内容及周期　节能技改工程量：根据现场的需求，应用一台 YG100 亿昇磁悬浮鼓风机替代现场原罗茨鼓风机，风量 75m³/min，压力 70kPa。

项目起止时间：2015 年 1 月 10 日签约，2015 年 6 月 30 日完成项目验收。

（3）节能减排量核算　根据北京节能环保中心出具的检测报告（见表 8-1），YG100 型磁悬浮鼓风机单方气耗电量 0.0305kW·h/m³。对比原罗茨鼓风机单方气耗电量 0.04406kW·h/m³，节电率达到 31%。

表 8-1　改造前后能耗对比

名称	新磁悬浮鼓风机		原罗茨鼓风机	
	型号	YG100	型号	罗茨
单方气耗电量/(kW·h/m³)	0.0305		0.04406	
单方气节电量/(kW·h/m³)	0.01356			
节电率（%）	31.0			

按照每天工作 18h 计算年节电量：

0.01356kW·h/m³ × 75m³/min × 60min/h × 18h/d × 365d/a = 400901kW·h/a，

每年节省电费：400901kW·h×0.85 元/(kW·h) ≈ 34.1 万元，

减排 CO_2：400901kW·h × 0.00034tce/(kW·h) × 2.7725t/tce ≈377.9t，

每年节电约 40.1 万 kW·h，节省电费 34.1 万元，减少 CO_2 排放量 377.9t。

（4）投资回收期　项目节能改造共投资 80 万元，年可节约电费约

34.1万元，预计2.3年可回收投资。

2. 案例二：浙江泰邦环境科技有限公司节能改造项目

（1）改造前能耗情况　改造前能耗高、噪声大，运行费用高，改造前的情况如图8-3所示，改造前#A池罗茨鼓风机单方气能耗测试见表8-2。

图8-3　改造前情况照片

表8-2　#A池罗茨鼓风机单方气能耗测试

设备型号	3L73WC		台数		2台	工况描述
流量	112.6m³/min	压力	78.4kPa	功率	250kW	
日期	日供气流量 /m³	电能表抄表数/kW·h			单方气能耗 /(kW/m³)	
		罗茨#2	罗茨#3	磁悬浮#1		
2016.8.18	254451	5838.4	4425.6	8	0.0404	水位6.7m 压力 75~76kPa
2016.8.19	245536	5803.2	4475.2	6	0.0419	
2016.8.22	289198	5912	4480	0	0.0359	
2016.8.23	251926	5600	4254.4	0	0.0391	
2016.8.24	265974	5692.8	4329.6	0	0.0377	
合计用量	1307085	28846.4	21964.8	14	—	

改造之前每立方供气用电量：

$(28846.4kW·h+21964.8kW·h+14kW·h)/1307085m^3 = 0.0389kW·h/m^3$。

（2）改造内容及周期　甲乙双方按合同能源管理模式合作，安装

3 台亿昇磁悬浮离心鼓风机, 替代原有罗茨风机。

项目起止时间: 2016 年 08 月签约, 2016 年 12 月完成项目验收。

(3) 节能减排量核算 节能改造后, 噪声由 101dB 降低至 81dB, 能耗降低 31.8%, 改造后现场情况如图 8-4 所示, #A 池磁悬浮鼓风机供气能耗测试见表 8-3。

图 8-4 改造后现场情况

表 8-3 #A 池磁悬浮鼓风机供气能耗测试

| 日期 | 日供气流量 /m³ | 电能表抄表数/kW·h | | | 单方气能耗 /(kW/m³) | 工况描述 |
		磁悬浮#1 160 倍率	磁悬浮#2 160 倍率	磁悬浮#3 120 倍率		
2016. 12. 1	403342	4811.2	0	4982.4	0.0243	
2016. 12. 2	356447	4843.2	0	4997.4	0.0276	
2016. 12. 3	356447	4843.2	0	4997.4	0.0276	
2016. 12. 4	361133	4804.8	0	4969.2	0.0271	水位 7.1m 压力 81~83kPa
2016. 12. 5	364989	4812.8	0	4978.8	0.0268	
2016. 12. 6	330529	4763.2	0	3808.8	0.0259	
2016. 12. 7	361880	4803.2	0	4951.2	0.0270	
2016. 12. 8	343793	4353.6	0	4466.4	0.0257	
使用量计算	2878560	38035.2	0	38151.6	—	

每立方供气用电量: (38035.2kW·h + 38151.6kW·h)/2878560m³ =

$0.0265kW \cdot h/m^3$

单方气节电量：$0.0389kW \cdot h - 0.0265kW \cdot h = 0.0124kW \cdot h$

能耗降低：$0.0124kW \cdot h \div 0.0389kW \cdot h = 31.8\%$

平均日供气量：$2878560m^3 \div 8d = 359820m^3/d$

年节电量：$359820m^3/d \times 0.0124kW \cdot h/m^3 \times 365d/a \approx 162.9$ 万 $kW \cdot h$

每年节省电费：162.9 万 $kW \cdot h \times 0.85$ 元$/(kW \cdot h) \approx 138.5$ 万元

减排 CO_2：162.9 万 $kW \cdot h \times 0.00034tce/(kW \cdot h) \times 2.7725t/tce \approx$ 1535.6t

每年节电约 162.9 万 $kW \cdot h$，节省电费 138.5 万元，减少 CO_2 排放量 1535.6t。

（4）投资回收期 项目投资 225 万元，预计 1.6 年即可收回全部投资。

8.1.3 技术提供企业信息

1. 企业简介

亿昇（天津）科技有限公司成立于 2014 年 12 月 19 日，注册资金 14285 万元，民营企业，是天津滨海新区经济技术开发区引进的高端装备制造企业，专门从事磁悬浮鼓风机的研发、生产、销售及技术服务工作。

企业厂区面积 $20000m^2$，拥有员工 155 人，配有各类生产研发设备 84 台套，其中包括三坐标仪、五轴加工中心等高端制造装备，建有四条产品测试线，满足不同功率段产品的测试要求，现具备产能 2000 台套。同时认真贯彻"绿色发展"理念，坚持精益化管理、降本增效，制定企业节能管理办法，积极开展节能技术改造，增加产品绿色属性。

公司始终注意保持行业接触，积极参加行业交流，先后加入中国高效节能装备产业发展联盟、中国通用机械工业协会风机分会、中国工业节能与清洁生产协会节水与水处理分会、中国城镇供水排水协会、中国环境保护产业协会水污染治理委员会、中国环保产业协会、中国生物发酵产业协会、中国化工节能协会、中国化学制药协会、E20 环境协会等行业协会组织。力求深入各行各业,博采众长,在学习中不断明确自身绿色发展思路。坚持打造绿色品牌,先后荣获绿英奖、中国最具价值环保装备品牌、2017 年年度污水处理行业十大影响力品牌等荣誉称号,并于 2018 年荣获天津市绿色工厂称号。

企业先后取得国家高新技术企业、国家科技型中小企业、天津市技术领先型企业、国家创新创业大赛天津赛区三等奖并入围国家行业总决赛;拥有质量管理、环境管理、职业健康安全管理、知识产权管理、能源管理体系等五体系认证;公司产品陆续荣获天津市重点新产品、天津市"杀手锏"产品、国家工业和信息化部节能机电目录及"能效之星"产品、国家发展和改革委员会节能技术目录、国家生态环境部先进实用节能技术目录,并取得国家工业和信息化部科技成果鉴定,鉴定结果为"单机功率及系统效率国际领先";公司技术团队还入选 2017 年天津市创新人才推进计划重点领域创新团队。

公司生产的磁悬浮离心式鼓风机在同类产品中做到了全球最高效率、最大功率、最全系列,目前已在全国 31 个省市自治区实现了规模化应用,运行稳定、效率高、噪声低,得到了客户一致好评。运行和检测数据表明,比罗茨风机省电 30% 以上,比多级离心风机省电 20% 以上,比空气悬浮鼓风机节电 5% 以上,比市场同类磁悬浮产品节电 3%~5% 以上,且优于进口磁悬浮鼓风机。亿昇科技成立至今,已为北控集团、广业环保、光大水务、桑德国际、浦华环保、碧水源、北京排水集团等市政及工业用户提供了产品和技术服务。并率先向国外多地提供了"中国芯"(国内完全自主知识产权)磁悬浮鼓风机,有力提升民族品牌形象。

公司从成立至今坚持设计制造与技术服务并行,在通用机械行业成功实施了多项节能技术改造、提供了多项清洁生产与绿色制造服务,得到了行业的一致好评和国家及地方政府认可。

2. 联系人及其联系方式

联系人：侯成勃

联系电话：18630890656

企业网址：www.esurging.com

8.2　加热炉烟气低温余热回收技术

8.2.1　技术信息

1. 技术研究背景

据调研数据显示，我国 5 大高耗能行业（电力、化工和石化、钢铁、有色金属、建材）能耗占工业总能耗的比例为 75.8%。我国工业余热资源丰富，截至 2015 年底，我国工业余热量约为 9.8 亿 tce，其中约 60% 为中低品位余热资源。据清华大学建筑节能研究中心测算，我国北方地区低品位工业余热量约 1.14 亿 t 标准煤。国家发展和改革委员会和住房和城乡建设部《余热暖民工程实施方案》提出：我国北方地区电力、钢铁、水泥、有色金属、石化等行业仍有约 3 亿 t 标准煤低品位余热资源尚未利用。

2017 年，我国钢铁、建材、化工等主要工业部门生产过程中产生大量的余热资源，而余热资源回收率不足 34.9%，即至少 60% 的工业余热通过各种形式的废热直接排放，既浪费能源又污染环境。

我国炼油行业的能源消耗占全国总能耗的 16%，截至 2013 年年底，我国炼油能力千万吨以上炼油企业 24 家，2014 年全国炼油加工量约 4.88 亿 t，按较先进的炼油综合能耗为 47.33kg 标油/t 计，能耗为 2310 万 t 标油，相当于两个千万吨炼厂的加工量。因此，炼油企业作为产能大户，又是能耗大户，如何降低炼油行业的能耗，提高生产效率和效益，实现节能减排的目标，成为炼油行业亟待解决的难题。

炼油行业余热的载体（如烟尘、烟气）中含有各种腐蚀性的化学成分，会对余热回收设备造成腐蚀，缩短设备的使用寿命，同时炼油厂加热炉一般为微正压或负压燃烧，为避免系统产生过大压降和压力波动，对烟气流经余热回收系统的压力降也有一定的要求。同时在生产过程中，烟气低温余热回收技术还面临传热温差小、热源品位提升困难等难题。因此，开发和利用防腐、低阻、高效的烟气余热回收技术及有效的热源品位就成为一个亟待解决的问题。

山东京博石油化工有限公司结合自身炼厂实际情况，联合北京建筑大学和大连理工大学研发加热炉烟气低温余热回收技术，对制氢加热炉和烷烃脱氢加热炉进行烟气低温余热回收技术节能改造工程示范，将排烟温度降低至40～90℃，进一步提高了加热炉热效率，节能效果显著，并取得了巨大的社会环境效益及经济效益。该技术通过山东化学化工学会组织的科技成果鉴定，鉴定委员会专家一致认为该成果达到了国际领先水平。"加热炉烟气低温余热回收技术"于2018年10月入围工业和信息化部《国家工业节能技术装备推荐目录（2018）》和《国家工业节能技术应用案例与指南（2018）》，推动了行业技术进步和转化落地应用。此外，山东京博石油化工有限公司参与了北京建筑大学主编的国内首部行业标准《燃气锅炉烟气冷凝热能回收装置》（CJ/T 515—2018）的编制工作，引导低温烟气冷凝余热深度利用产品向安全高效低碳的方向健康发展，促进相关产业低温烟气冷凝余热深度利用技术的进步与发展，提高我国能源清洁高效利用与节能技术水平，提升了我国同类产品国际竞争力。

2. 技术特点及适用范围

技术特点：加热炉烟气低温余热回收技术充分回收加热炉排烟中的余热，实现在烟气冷凝条件下的防腐蚀、强化传热及减阻降噪技术，解决同类产品尚未解决的问题，达到防腐、高效、小阻力和低噪声的效果。采用该技术可在回收烟气余热的同时，大大降低生产用能消耗，提高燃料利用率10%以上，减少 CO_x、SO_2 等污染物排放量≥16%，节能减排效果是同类产品的2～3倍。

适用范围：适用于冶金、钢铁、石油、化工等有加热炉装置的烟气余热回收利用技术改造。

3. 关键装备或工艺

（1）技术原理　利用高效、低阻、耐腐蚀新型设备，将低温水与加热炉高温烟气进行热交换，获得高温热水，降低加热炉烟气温度，提高燃料利用率，技术原理如图 8-5 所示。

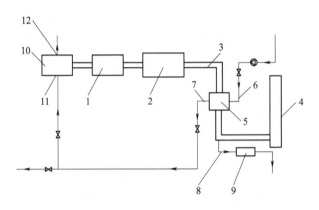

图 8-5　加热炉烟气低温余热回收技术原理

1—鼓风机　2—加热炉　3—排烟道　4—烟囱　5—烟气余热回收装置　6—流入管　7—流出管
8—冷凝水排出管路　9—水处理装置　10—气体预热装置　11—换热箱流入口　12—换热箱流出口

加热炉通过排烟道与烟囱连接，排烟道上设置有烟气余热回收装置，烟气余热回收装置包括流入管、流出管和流体介质，流体介质从流入管流入并从流出管流出，且流入管流入的流体介质的温度低于加热炉流入排烟道的烟气的温度。由于烟气余热回收装置的流体介质的温度低于加热炉流入排烟道的烟气温度，进而余热回收装置能够将烟气中的部分热能回收成流体介质的热能，这部分热能由流出管带出后被重新利用。

（2）关键技术

1）低温烟气冷凝余热深度利用技术，提高了燃气能源利用热效率。

2）小温差、小阻力、小体积条件下，协同防腐蚀与高效热回收技术。

3）防腐表面改性技术，改性后表面具有防积灰、抗磨损、耐腐蚀、强化传热的特点。

4）热交换器结构设计技术，采用新设计的热交换器具有低阻力、小体积、高效率、高导热的特点。

4. 行业评价

该技术于 2014 年 12 月获得"国家技术发明二等奖"；2013 年 10 月获得国家知识产权局颁发的"中国专利优秀奖"；2012 年 12 月获得北京市人民政府颁发的"北京市科学技术一等奖"；2012 年 7 月获得中国工业防腐蚀技术协会颁发的"专利金奖"。

该技术入选工业和信息化部 2018 年《国家工业节能技术装备推荐目录》和《国家工业节能技术应用案例与指南》；入选 2017 年《山东省节能环保产业新技术、装备（产品）推广目录》。

5. 推广情况

（1）技术应用的节能潜力　目前国内外同类技术主要集中在高温烟气余热的利用，而低温烟气余热利用率较低，节能潜力巨大，即使对于 200℃以下低温烟气余热回收利用仍可实现节能 10%~30%，工业排放烟气余热利用潜力更大，节能减排、社会环境效益及经济效益潜力巨大。2015 年京博石化 5000m³/h（标态）制氢项目转化炉应用加热炉烟气低温余热回收技术，利用加热炉排放的低温烟气余热将 30~75℃的低温热水提高至 100℃以上，用于加热系统热媒水和制氢加热炉低温进风；加热炉排烟温度降低至 40~85℃，进入炉膛的空气温度提升至 100℃左右；加热炉效率提升至 93%~94%，每年可回收的热量 21000GJ，经济效益折合人民币约 114 万元。该技术产品充分回收加热炉排烟中的余热，实现在烟气冷凝条件下的防腐蚀、强化传热及减阻降噪，解决同类产品尚未解决的问题。采用该技术在回收烟气余热的同时，可大大降低生产用能消耗，提高燃料利用效率 10%以上，减少 CO_x、SO_2 等污染物排放量≥16%，节能减排效果是同类产品的 2~3

倍，后期将逐渐推广到同行业及热电、钢铁等跨行业应用。

（2）建议推广该技术的支撑措施　为提高加热炉的能效标准和排放标准，为烟气冷凝水资源化再利用提供技术支持，进而提高石油炼化行业的节能、减排、节水等管理水平，建议采用以下支撑措施：

1）新建项目在设计阶段即开始考虑相关余热资源的回收利用，提高项目加热炉的热利用率，相关节能减排符合标准后才能正常验收合格。

2）建立低温烟气余热深度利用技术小组，解决技术应用过程中的工程问题，不断总结完善，提高技术水平。

3）扩改项目制定可操作的节能技术改造计划和任务指标，逐一落实。

8.2.2　工程案例

1. 案例一：京博石化一套制氢装置低温烟气余热回收项目

（1）改造前能耗情况　京博石化是一家以石油化工为主业，集石油炼制与后续化工为一体的大型民营企业。公司原油一次加工能力为350万 t/a。目前产品包括三大板块（油品板块、化工品板块、材料板块）。公司使用的制氢装置未使用低温烟气余热回收技术。

（2）改造内容及周期　2014年4月京博石化与大连理工大学、北京建筑大学签订三方合作协议，2015年8月完成石化一套制氢装置改造，烟气余热回收项目改造完成并投用，在制氢转化炉尾气烟道加装余热回收设备。

（3）节能减排量核算　根据中国石化加热炉监测屏东中心出具报告显示，加热炉排烟温度从170℃左右降低至85℃左右，可产生流量约为25t/h、温度约为100℃的热水。

按照每年8000h运行时间进行核算，年回收热量为：

$$Q = 4.2\text{kJ/(kg·℃)} \times 25000\text{kg/h} \times (100℃ - 75℃) \times 8000\text{h}$$
$$= 2.1 \times 10^{13}\text{J} = 5.017 \times 10^{9}\text{kcal}$$

取标煤热值 7000kcal/kg，年节约：5.017×10^9kcal$\div$7000kcal/kg = 716.7tce

减少 CO_2 排放：716.7tce$\times$2.7725t/tce = 1987t

燃气热值 34.77MJ/m³（标态），价格为 3.09 元/m³（标态），每年可节省燃气约：2.1×10^{13}J$\div$34.77MJ/m³ = 6.04×10^5m³

折合经济效益 186.63 万元/年，设备设计使用寿命为 15 年。

（4）投资回收期　京博石化一套制氢加热炉项目总投资 250 万元，建设周期为 6 个月。项目实施后年节能量 716.7tce，减少 CO_2 排放 1987t，产生经济效益 186.63 万元/年，投资回收期约 1.3 年。

2. 案例二：京博石化烷烃脱氢装置低温烟气余热回收项目

（1）改造前能耗情况　改造前脱氢装置为自然空气进风系统，炉膛内负压燃烧，出口排烟余压不足（负值）。如果采用普通的烟气余热回收技术改造，需多增加引风机等配套设备；若水系统余压富余不足，还需在水循环管线上增设循环水泵和系统定压装置，用以满足系统循环动力的需求。

（2）改造内容及周期　本项目采用三套脱氢装置共用一套烟气冷凝热能回收系统，实现排烟余热由 180℃ 降至 70℃ 以下，并将 55m³/h 的热媒水由 75℃ 加热至 95℃ 以上，同时将 17m³/h 的低温除氧水由 30℃ 提升至 95℃ 以上，实现烟气余热的分级回收和梯级利用。

项目完成起始时间：2018 年 5 月完成项目验收，并成功投用。

（3）节能减排量核算　项目将 55m³/h 的热媒水由 75℃ 加热至 95℃ 以上，同时将 17m³/h 的低温除氧水由 30℃ 提升至 95℃ 以上，按每年工作 8000h 计算。

热煤水回收预热：Q_1 = 4.2kJ/（kg℃）$\times$ 55m³/h/m³ $\times$

（95℃ − 75℃）$\times$ 8000h = 3.7×10^{10}kJ

除氧水回收热量为：Q_2 = 4.2kJ/（kg℃）$\times$ 17m³/h/m³ $\times$（95℃ −

30℃）$\times$ 8000h = 3.71×10^{10}kJ

总回收热量：Q = （Q_1 + Q_2）$\times$ 0.2389kcal/kJ = 1.77×10^{10}kcal

取标煤热值 7000kcal/kg，每年节约：

$1.77 × 10^{10}$ kcal ÷ 7000kcal/kgce = 2529tce

减少 CO_2 排放：2529tce×2.7725t/tce＝7011t

燃料气热值 34.77MJ/m³（标态），价格为 3.09 元/m³（标态），每年可节省燃料气约：

$(3.7 × 10^7 MJ + 3.71 × 10^7 MJ) ÷ 34.77MJ/m³ = 2.13 × 10^6 m³$

$2.13×10^6 m³×3.09 元/m³＝658.5 万元$

折合经济效益 658.5 万元/a。

（4）投资回收期　甲乙双方按合同能源管理模式合作，节省的收益双方分享。投资全部由乙方承担，按实际产生的节能收益计算，项目投资 450 万元，预计 0.7 年即可收回全部投资。

8.2.3　技术提供企业信息

1. 企业简介

京博石化积极贯彻落实"创新、协调、绿色、开放、共享"五大发展理念，以全面风控管理为前提，以安全、环保、质量管理为基础，以"绿色发展、循环发展、低碳发展"为方向，全面推行绿色制造任务，实施绿色制造标准化提升工程。在发展过程中追求社会、经济与环境效益的统一，加大先进节能环保技术、工艺的引进应用，加快绿色改造升级，提高制造过程资源利用率，构建高效、清洁、低碳、循环的绿色制造体系，实现工厂用地集约化、生产洁净化、废物资源化、能源低碳化。公司获得山东省正己烷食品添加剂认证资格；海韵牌道路沥青成为入选西藏合格供应商的民营炼厂品牌；聚正牌反式丁戊橡胶，京博聚牌（溴化）丁基橡胶、聚丁烯合金等高性能新材料分别达到世界先进水平。2013 年，公司推出在线交易、支付结算、仓储物流、在线融资为一体的"互联网+经营"智慧生态平台——京博石化商城，是山东民营炼厂中较早拥有电子商务平台的公司。

公司高度重视技术创新工作，与清华大学、华盛顿州立大学、大连理工大学、北京建筑大学、西安交通大学等 50 余所国内外高校、科研院所合作建立了 20 余处技术创新联盟，并在青岛、济南、武汉、大连、西安布局五大创新基地，在多项领域取得丰硕成果，为社会发展和科技进步提供技术创新驱动。

2. 联系人及其联系方式

联系人：刘锦程

联系电话：18354366766

企业网址：www.jbshihua.com

8.3　开关磁阻调速电动机系统节能技术

8.3.1　技术信息

1. 技术研究背景

电动机是风机、泵、压缩机、机床、传输带等各种设备的驱动装置，广泛应用于冶金、石化、化工、煤炭、建材、公用设施等多个行业和领域，是用电量最大的耗能机械。截至 2018 年，我国电动机行业市场规模已经达到 9403 亿元，2018 年我国电动机需求规模为 2.65 亿 kW，全国电动机保有量约 28 亿 kW。全社会用电量 68449 亿 kW·h，其中工业领域用电量 47235 亿 kW·h，工业领域电动机总用电量为 3.54 万亿 kW·h，约占工业用电的 75%。然而我国现有的电动机效率与国际先进水平仍然有较大的差距，目前工业电动机产品能效多为国家现行能效标准 2 级及以下，在用电动机有相当数量低于标准规定的 3 级能效，其平均效率约为 87%，高效电动机占比仅 5%。而发达国家推行的高效电动机效率已达 91% 以上，其中美国超高效电动机效率可以达到 93%，因此我国电动机行业与国外先进水平还有一定差距，具有较大节能潜力。为提升电动机及电动机系统的效率，众多科研院所、企业等先后开展了电动机的节能技术改进研究和高效电动机的研发，但目前的技术推广还不理想。

深圳风发科技有限公司基于开关磁阻电动机理论研制出的新型高效节能开关磁阻电动机系统，克服了国内外开关磁阻类电动机运行过程中的振动和噪声大、难以规模化应用的问题，具有电动机驱动换相以检测转子位置作为换相域、增大定子极弧系数、增大最大电感和最小电感的比值、转子异形齿结构设计、采用线性分布式多相励磁绕组设计五大技术创新点。据测试统计，在相关行业工程案例中，实现了16%~72%的节电效果。

2. 技术特点及适用范围

（1）技术特点 开关磁阻调速电动机系统（SRD）在宽调速、宽负载率范围内具有效率高、功率因数高、损耗小、起动转矩大、电流小等优点，系统可根据用户的具体需求设置参数进行控制。

1）电动机驱动换相，以检测转子位置作为换相域。当转子进入控制换相域后，结合定子相电流的下降率与下一相电流的上升率，计算每相工作的 IGBT 的导通点和关断点，从而控制换相时电流的变化，进一步减小输出转矩脉动。根据负载的变化，调整电动机相电流的导通角和关断角，导通角和关断角是在一个域内变化的。

2）增大定子的极弧系数。定子的极弧系数反映的是定子极弧的相对宽度，设计合理的定子极弧系数，使定子极与转子极相对重叠区域变化，在电动机换相时平滑过渡，减小转矩脉动。相关研究和试验表明定子极弧系数是变化的，而传统的设计理论认为定子极弧系数合理取值为 0.4~0.5，该技术创新地通过增大定子极弧系数，设计了 90kW 开关磁阻电动机，在额定转速 1500r/min 时的振动位移小于 6.5μm，振动速度小于 1.1mm/s。

3）增大最大电感和最小电感的比值。通过电动机定子外径、转子外径、气隙、铁心长度和绕组的综合优化增大最大电感和最小电感的比值，配合控制器控制电动机相电流的导通角与关断角，使电动机绕组电流在导通时间内上升幅度减缓，从而增大电动机的输出转矩，减小转矩脉动,提高电动机的综合性能。

4)转子异形齿结构设计。在开关磁阻电动机的转子凸极与转子轴的径向方向,设置了异形齿结构,可以改变磁路及磁阻,减小径向磁力,避免共振,降低电动机噪声。

5)开关磁阻电动机采用线性分布式多相励磁绕组设计。线性分布式多相绕组电动机在换相过程中,电流变换率小。线性分布式多相绕组可有效减小转矩脉动和噪声。同时,电动机具有更大的输出转矩,适用于起动转矩大、转速低的应用场合。

(2)适用范围 可用于陶瓷、水泥、铝型材、化工、玻璃、钢铁、制药、纺织、机床、油田、矿山、煤矿等需要电动机的行业。其良好的动态性能,尤其适用作为电动汽车及轨道交通的动力。

3. 关键装备或工艺

开关磁阻调速电动机系统节能技术是以磁阻理论为基础,在混合励磁电动机、永磁同步电动机理论的基础上进行全新开发设计的新一代调速电动机系统,组成部分包括:电源、开关磁阻电动机、功率变化器、主控制器、信号检测环节以及人机接口,如图8-6所示。

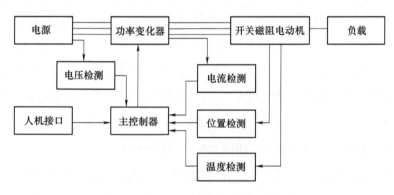

图8-6 技术路线图

电源模块负责提供电能;开关磁阻电动机负责将电能转化成机械能;控制器模块主要负责人机交互以及功率电路的导通与关断;功率变化器模块是按照控制器发出的控制信号控制电动机绕组的通断;信

号检测环节则实时检测各种信号，包括角度位置、电压、电流、温度等信息；人机接口则是给用户提供一个操作界面，方便用户使用。

4. 行业评价

开关磁阻调速电动机系统节能技术于 2016 年 9 月通过工业和信息化部组织的国家级科技成果鉴定。鉴定委员会专家一致认为：开关磁阻调速电动机系统在宽调速、宽负载率范围内具有效率高、功率因数高、损耗小、起动转矩大、起动电流小等优点；系统可根据用户的具体需求设置参数，进行控制；具有优良的动态特性，适用于频繁起动、频繁正反转的场合，适用于电动车驱动装置及传动等领域，节能减排效果明显；该科技成果具有多项自主知识产权，开关磁阻电动机设计及转矩脉动自适应控制等相关技术达到国内领先水平。

2017 年 5 月，进入《高效电机重点节能技术目录》；2018 年通过了节能低碳产品认证；2019 年入围工业和信息化部《国家工业节能技术装备推荐目录（2019）》和《国家工业节能技术应用案例与指南（2019）》。

5. 推广情况

（1）技术应用的节能潜力　开关磁阻调速电动机系统节能技术目前主要应用于陶瓷、水泥、铝型材、化工、玻璃、钢铁、制药、纺织、机床、油田、矿山、煤矿、电动汽车、轨道交通等领域。随着市场认可度的提高，市场推广潜力巨大。以首钢为例，需要更换各类电动机 11000 台左右，累计 5.5 万 kW。按照节能 20% 计算，年运行 8000h，可节电约 8800 万 kW·h/a，折合 2.99 万 tce/a。

（2）推广模式　风发科技在市场推广方面，通过多种手段开拓市场，包括代理机制、合同能源管理、直销模式等；并创造性提出了新的商业模式：由基金公司牵头，结合当地政府、银行等各方成立平台公司，通过平台公司运作，实现开关磁阻调速电动机系统的销售和推广应用，完成当地节能减排的指标，在开关磁阻调速电动机系统推广应用的过程中实现各方利益最大化。

8.3.2 工程案例

1. 案例一：首钢股份公司迁安钢铁公司能源部电动机改造项目

（1）改造前能耗情况 首钢股份公司迁安钢铁公司 2002 年 12 月 18 日注册成立，2004 年 10 月 15 日竣工投产。各生产工序使用的电动机约 11000 台，累计总功率 5.5 万 kW。由于原有电动机能效等级低，能耗高，电费支出成本高。在国家产业结构调整、供给侧改革和绿色低碳发展的大背景下，首钢迁安公司节能降耗工作被摆在了突出的位置。

（2）改造内容及周期 对首钢股份公司迁安钢铁公司能源部第二热轧车间水处理净环旁滤系统异步电动机 Y280S-4 改造为开关磁阻调速电动机系统 SFD-280S-1500，改造周期为 15 天。

（3）节能减排量核算 根据用户的测试数据显示，改造前吨水耗电量为 0.1848kW·h，改造后吨水耗电量为 0.1169kW·h，具体测试数据见表 8-4 和表 8-5。

表 8-4 原异步电动机 Y280S-4 能耗测试数据

工况/(m^3/h)	试验时间/h	平均水量/(m^3/h)	功率/kW	吨水耗电量/kW·h
390	18	393.6	72.75	0.1848

表 8-5 开关磁阻调速电动机系统 SFD-280S-1500 变转速调节能耗测试数据

工况/(m^3/h)	试验时间/h	平均水量/(m^3/h)	功率/kW	吨水耗电量/kW·h
390	24	392.7	45.9	0.1169

在满足系统正常运行流量（390m^3/h）的工况下，开关磁阻调速电动机系统相比于原异步电动机，每小时可节电 26.85kW·h，按年运行 8000h 计算，每年可节电 21.48 万 kW·h。

每年节省电费：21.48 万 kW·h×0.85 元/(kW·h) ≈ 18.26 万元

折合标煤：21.48 万 kW·h×0.00034tce/(kW·h)=73.03tce

减排 CO_2：73.03tce × 2.7725t/tce≈202t

每年可节约标煤 73.03t，减少 CO_2 排放量 202t。

（3）投资回收期　项目节能改造共投资 10 万元，年可节约电费约 18.26 万元，投资回收期为 6 个月。

2. 案例二：龙蟒佰利联集团股份有限公司焦作基地节能改造项目

（1）改造前能耗情况　龙蟒佰利联集团股份有限公司总部位于焦作，集团主营钛白粉，产能超 100 万 t，其中 30 万 t/a 氯化法钛白粉生产线中主要电动机设备有气泵、水泵、搅拌机等，年用电量超过 550 万 kW·h。为了降低企业运营成本，响应国家节能环保政策，公司采用开关磁阻调速电动机系统提升公司装备水平，降低企业能耗。

（2）改造内容及周期　对尾气泵 7 号电动机、连续酸解 2 号水泵、浓缩循环泵、浓缩循环泵（北）水处理搅拌机 2-2 号、2 号脱硫塔东泵进行节能技术改造，改造周期一个月。

（3）节能减排量核算　经用户测试，该技术产品节能效果明显，具体测试数据见表 8-6、表 8-7。

表 8-6　原 6 台设备能耗测试数据

序号	设备名称	试验时间/h	实际耗电量/kW·h	每小时耗电量/kW·h
1	尾气泵 7 号电动机	43.44	11232	258.5
2	连续酸解 2 号水泵	280.34	14416	51.4
3	浓缩循环泵（北）	408.17	53552	131.2
4	浓缩循环泵	409.45	53376	130.36
5	水处理搅拌机 2-2 号	151.57	8664	57.1
6	2 号脱硫塔东泵	231.28	15796	68.3

表 8-7 改造后 6 台开关磁阻调速电动机系统能耗测试数据

序号	设备名称	试验时间/h	实际耗电量	每小时耗电量/kW·h	节电率
1		76.37	13170	172.45	33%
2		237.99	7707.2	32.4	37%
3	开关磁阻调速	239.65	24048	100.3	24%
4	电动机系统	239.27	23648	98.8	24%
5		215.04	7168	33.3	42%
6		239.24	7910	33.1	52%

按照每年运行时间按照 8000h 计算，1~6 号泵每年可实现节电量见表 8-8。

表 8-8 年节电量估算表

序号	设备名称	运行时间/h	实际节电量/kW·h	节电率
1		8000	688400	33%
2		8000	152000	37%
3	开关磁阻调	8000	247200	24%
4	速电动机系统	8000	252480	24%
5		8000	190400	42%
6		8000	281600	52%
合计			1812080	

每年可节约标煤：181.2 万 kW·h × 0.34kgce/(kW·h) = 616.08tce

按照当地工业用电价格 0.71 元/(kW·h) 计算，一年可节约电费：

181.2 万 kW·h × 0.71 元/(kW·h) ≈ 128.65 万元

减排 CO_2：616.08tce × 2.7725t/tce ≈ 1708t

改造后，每年可节约标煤 616.08t，减少 CO_2 排放量 1708t。

（4）投资回收期 本项目总投资 90 万，每年可节约电费 128.65 万元，投资回收期为 8 个月。

8.3.3 技术提供企业信息

1. 企业简介

深圳市风发科技发展有限公司（以下简称"风发科技"），是一家专业从事电动机系统研发、产销和技术服务的国家级和深圳市高新技术企业。公司成立于2007年8月，总部及研发中心位于深圳，生产基地位于山东莱芜，注册资本2.6亿元。

风发科技坚持自主创新，成立至今，累计申请专利60余项，授权发明专利22项。风发团队历经十余年，基于磁阻理论基础研发出系列"开关磁阻调速电机系统"技术，该项技术于2016年9月通过工业和信息化部组织的国家级科技成果鉴定，得到了顾国彪院士等行业内专家的高度认可，同年获得电动机领域先进节能实用技术称号；2017年5月进入《高效电机重点节能技术目录》。2018年通过了节能低碳产品认证。

2. 技术负责人及联系方式

技术负责人：朱子焜

联系电话：0755-84692930

企业网址：www.chinafengfa.com

8.4 含纳米添加剂的节能环保润滑油技术

8.4.1 技术信息

1. 技术研究背景

我国汽车保有量不断增长，社会汽车保有量将保持着16%左右的增长速率，其中工程机械主要产品保有量约700万台，由此带来的能源短缺与环境污染问题也日益严重。特别是我国发动机制造技术与国外发达国家相比还有一定差距，气缸密封性差，造成燃料燃烧不完全，导致油耗高，尾气排放难以达标。因此，有效改善汽车、工程机械的燃油经济性，降低燃油消耗，减少尾气污染物排放已成为汽车、工程机械相关产业迫切需要解决的技术难题。在各种方法中，通过使用节能环保润滑油配方来改善燃油经济性和降低尾气污染物排放的成本要远远低于改变发动机设计、改善燃料品质等方法。

我国是世界润滑油生产和消费第二大国，2019 年我国润滑油产量达 630 万 t，但我国与发达国家在技术上存在着相当的差距，核心技术被国外垄断，特别是节能环保润滑油的研究与生产在国内几乎是空白。

润滑油技术发展主要来自改进基础油的品质和提高添加剂的性能两个方面，基础油决定着润滑油的基本性质，添加剂则赋予润滑油新的性能。因此添加剂是改善润滑油性能的核心和关键所在，润滑油的每次升级换代均是在添加剂技术获得突破基础上实现的。传统润滑油添加剂大多是含磷、硫、氯的化合物，虽能改善摩擦，但在高负荷、高温下的腐蚀磨损及环境污染问题很严重。同时，由于这些化合物不能稳定，遇水产生酸，破坏润滑，从而造成燃料燃烧不完全而导致油耗增加、发动机动力下降、怠速不稳、加速不良和起动困难、尾气排放超标等问题，加剧了环境污染，还会造成车辆磨损甚至报废。

本项目自主研发的多种纳米添加剂在润滑油中具有极佳的自动填充修复功能（填充凹凸不平金属表面），可增强发动机气缸密封性。使气缸窜气和气缸压力损失得到最大限度的控制，燃烧更为充分，发动机额定功率得以充分发挥。由于纳米添加剂具有优异的减摩性能，可减少发动机功率内耗，增大有效功率，有效减少发动机油耗。因此，含有纳米添加剂的润滑油具有明显的节能减排效果。

2. 技术适用范围

适用于汽车、工程机械、工业设备等需要润滑的系统。

3. 关键装备或工艺

（1）技术基本情况　本项目开发出具有节能减排效果的氮化碳纳米添加剂、咪唑基六氟磷酸盐离子液体添加剂、咪唑基四氟硼酸盐离子液体复合极压抗磨剂、蓖麻酸三乙醇胺磷酸酯添加剂，提高抗磨减摩性能和防锈性能，有效解决降低汽车、工程机械燃油消耗、减少尾气污染物排放的技术难题；同时降低了对矿物油的依赖性，减少了能源消耗，保护环境。

（2）节能环保润滑油工艺流程　节能环保润滑油生产工艺流程如图 8-7 所示。

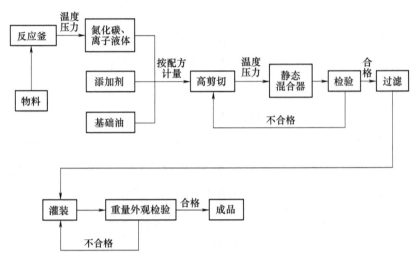

图 8-7　节能环保润滑油生产工艺流程

（3）关键技术

1）开发了氮化碳纳米添加剂的合成技术（发明专利号：ZL201110261590.X），系统研究石墨相氮化碳的相变规律和纳米颗粒与润滑油性能关系。该添加剂片层多、粒径小，具有表面成膜自修复功能，增强系统密封性，提高燃油燃烧率，节能环保；减小摩擦系数，提高了润滑油的抗磨性。

2）开发了顺-12 羟基-十八碳烯-3-甲基-咪唑六氟磷酸盐离子液体抗磨剂的合成技术（发明专利号：ZL201210274738.8）；开发了端部嵌接和中端嵌接咪唑环的咪唑基四氟硼酸盐两种离子液体合成技术（发明专利号：ZL201210274768.9）；咪唑六氟磷酸盐离子液体、两类咪唑基四氟硼酸盐离子液体与氮化碳纳米添加剂复合构成的极压抗磨添加剂，其极压抗磨性指标 PB 值和磨斑直径达到国外同类产品水平。

3）开发了蓖麻酸三乙醇胺磷酸酯合成工艺技术（发明专利号：ZL201210274912.9）；以此为复合母体，开发了蓖麻酸三乙醇胺磷酸酯抗磨与防锈添加剂，在提高润滑油抗磨性能基础上，解决了传统润滑油亚硝酸盐类复合防锈剂存有致癌毒性与污染环境的行业难题。

4）开发了聚醚胺类清净分散剂（发明专利号：ZL201110150268.X），聚醚胺能够彻底清除积炭并有效抑制积炭的生成，降低了磨损，同时减少汽车尾气排放、节能环保。

5）开发了拥有自主知识产权的固液静态混合系统、喷射调和与循环系统、过滤系统等，构建了节能环保润滑油调和分散工艺技术，体系分散均匀，比传统工艺效率提高 3~4 倍，节能 50% 以上。

（4）主要设备　反应釜、调和釜、原料储罐、成品储罐、灌装流水线、监测仪器等。

4. 行业评价

1）该技术通过了山东省科技厅、山东省经信委的技术鉴定，鉴定验收委员会一致认为该产品具有自修复效率高、发动机密封性能强的特点，具有实际可节省燃油 10% 左右的突出优势，各项技术指标优于国家相关产品标准，居国际同类产品先进水平。

2）该技术通过了济宁市节能技术服务中心节能评价。

3）该技术获得国家知识产权局颁发的"中国专利优秀奖"（专利号 ZL201110261590.X），获得中华全国工商业联合会颁发的"科技进步奖"二等奖；获得山东省人民政府颁发的"科技进步奖"二等奖。技术主要研发人员获得山东省总工会颁发的"山东省职工优秀技术创新成果奖"；获得济宁市科技局颁发的"科学技术奖"一等奖、"技术发明奖"二等奖；获得济宁市任城区政府颁发的"科技进步奖"一等奖。

4）该技术产品获得美国石油协会 API 认证证书；获得德国奔驰公

司 MB229.51 认证；获得美国通用汽车公司 GM 认证；获得瑞典沃尔沃公司 VDS-2 认证；获得美国康明斯公司 CES20076 认证；获得德国大众汽车公司 VW50200 和 VW50500 认证；获得德国曼公司 TUC1062/11 认证等。

5）该技术产品已经应用 3 年，年销售量 5.5 万 t，已成为公司的主导产品，在全国各地建立了 1000 多家代理商、4000 余家经销商及众多直接用户，在国内外市场得到广大用户的好评。

5. 推广情况

（1）技术应用的节能潜力　纳米添加剂技术产品可用于润滑油性能优化，国家煤及煤化工产品质量监督检验中心对项目产品进行了监测，检验报告数据显示，平均节油率为 4.2%。按 1.5 万 t/a 规模计算，投资总额 1500 万元，节能量 5.5 万 tce/a，减少 CO_2 14.5 万 t/a，降低尾气 CO 排放 59.1%。以上节能量还未包括延长换油周期 1 倍、延长发动机使用寿命等间接节能量。

（2）推广该技术的支撑措施　公司将不断进行技术突破及新产品开发，扩大现有产品产能规模；全方位布局市场，不断完善销售网络，不断进行市场开发、市场宣传及技术推广；在维护现有业务的基础上，不断开拓客户范围。希望政府部门政策支持，增强相关技术的宣传，协助企业将新型润滑油的应用拓展至汽车、工程机械、交通运输、工业设备等应用领域。

8.4.2　应用案例

1. 案例一：山东小松油品有限公司润滑油生产工艺改进项目

（1）改造前能耗情况　山东小松油品有限公司生产"小松"牌润滑油包括工程机械专用油、车辆专用油、摩托车专用油、船舶用油以及"小松"牌工业润滑油共五大系列、1000 多个规格型号的产品。用户遍及汽车制造、工程机械制造、摩托车制造、钢铁、煤矿综采设备、火力发电设备、油田、农业、冶金工程机械、船舶动力设备、纺织机械设备等各个行业，产品覆盖工程机械用油、载重车辆用油、高级轿车用油、摩托车用油、工业用油、船舶用油、润滑脂、防冻液等众多石油化工领域。但所生产的传统润滑油与含纳米添加剂的新型润滑油相比，性能单一节能环保效果不明显。

（2）改造内容及周期　节能技改工程投资1500万元，对润滑油调和系统进行技术改造，将传统机械搅拌改造为国际领先的脉冲调和系统，采用纳米添加剂技术配方，实现年产含纳米添加剂的润滑油1.5万t。

项目完成起始时间：2016年4月10日签约，2016年12月30日完成项目验收。实施周期9个月。

（3）节能减排量核算　根据行业协会统计，2016年我国汽油表观消费量约11899万t，柴油表观消费量约16330万t，内燃机油消费量约400万t。从上述数据可推算出内燃机油占燃料油（汽油与柴油）消费量的比例为：

$$[400 \div (11899 + 16330)] \times 100\% = 1.42\%$$

年生产润滑油1.5万t，按2016年数据推算，消耗汽油量：

$$1.5 万 t \div 1.42\% \times [11899 \div (11899 + 16330)] = 44.5 万 t$$

消耗柴油量：

$$1.5 万 t \div 1.42\% \times [16330 \div (11899 + 16330)] = 61.1 万 t$$

根据国家煤及煤化工产品质量监督检验中心检验报告显示，平均节油率为4.2%。可以测算：

节约汽油：$44.5 \times 4.2\% = 1.87 万 t$

节约柴油：$61.1 \times 4.2\% = 2.57 万 t$

按照柴油折标系数1.46，汽油折标系数1.47计算，可实现节能量：

$$1.47 \times 1.87 万 t + 1.46 \times 2.57 万 t = 6.5 万 tce$$

减排 CO_2：$6.5 万 t \times 2.7725 t/tce = 18 万 t$

按照节能率4.2%来测算，可实现节能量6.5万tce/a，减排 CO_2

18 万 t/a, 尾气排放 CO 下降 59.1%, HC 下降 39.3%。

(4) 投资回收期　甲乙双方按合同能源管理模式合作，节省的收益双方分享，投资全部由乙方承担，按实际产生的节能收益计算，1年即可收回全部投资。

8.4.3　技术提供企业信息

1. 企业简介

山东源根石油化工有限公司创建于 2002 年，位于山东省济宁国家高新技术产业开发区，是国内拥有较大规模和影响的大型润滑油生产型企业，是国家高新技术企业、国家火炬计划重点高新技术企业、全国润滑油行业质量领军企业、全国润滑油行业质量领先品牌、国家知识产权优势企业、山东省科技创新型企业、山东省知识产权示范企业、中华全国工商联石油业商会副会长单位，拥有 CNAS 认可的国家级实验室，是中国工程机械工业协会、东风汽车公司等单位指定润滑油生产基地。

公司现已通过 ISO9001、ISO14001、IATF16949、OHSAS18001、HSE、GB/T 29490 知识产权管理体系认证，并且通过了德国奔驰公司、德国大众公司、德国曼公司、美国康明斯公司、沃尔沃公司、德国采埃孚公司以及全球权威的美国石油学会 API 等认证。公司现已在全国 30 多个省、直辖市、自治区建立 1000 多家代理，经销商 4000 余家，深受用户的好评。用户遍及汽车制造、工程机械制造、钢铁、煤矿综采设备、火力发电设备、冶金工程机械、船舶动力设备、纺织机械设备等各个行业，产品覆盖工程机械用油、载重车辆用油、高级轿车用油、工业用油、润滑脂、防冻液、养护品等众多石油化工领域。据行业协会统计，公司生产的工程机械用油，产量和销量连续 12 年为国内第一名，企业已跨入中国润滑油行业前三强。

2. 联系人及其联系方式

联系人：袁俊洲

联系电话：0537-2613076

企业网址：www.yuangensh.com

8.5　基于电流确定无功补偿的三相工业节电器技术

8.5.1　技术信息

1. 技术研究背景

电动机消耗的电能占我国总耗电量的 40% 以上，其中 60% 的电动机运行效率低下，从而造成大量的电能浪费。电动机由于其自身构造的原因，在轻载或者空载工况下，损耗电能占据电动机消耗电能总量的很大一部分。通过适当的降压控制方法，可以保证输出总功率不变，有效地减少损耗，提高电动机运行效率。在当前能源日益紧张的背景下，具有广泛的应用前景和现实意义。

国内外普通低压三相交流电动机采用电容补偿运行能耗大，主要原因一是难以控制电容放电，二是电流不易控制。针对并联节电在电容补偿方面存在的难以控制电容放电、有功电量剩余不能回收、电流不易控制、有安全隐患等问题，采用并联补偿电容器的方式，南宁恒安节电电子科技有限公司研发了基于电流确定无功补偿的三相工业节电器。其关键技术是根据在电动机主线路上检测出来的电流匹配电容的补偿量，补偿的时间和电容量由含高速计算芯片的自动限流补偿控制器匹配控制。该技术对电动机进行无功补偿并减少有功电量的消耗，从而提高了电动机的功率因数，解决了电动机耗能大的问题。

2. 技术特点及适用范围

技术特点：利用电容器具有充电、放电和贮电的特性，采用并联补偿电容器的方式，对用电器进行无功补偿并减少有功电量的消耗，达到企业低压三相交流电动机节约电能的目的。

适用范围：适用于电动机节能技术改造，尤其适用于使用 380V 低压三相交流电动机的节能改造。

3. 关键装备或工艺

关键装备：补偿电容器、含高速计算芯片的自动限流补偿控制器及输出控制端子。

节电原理：通过对试验中取得的节电核心数据进行周密的数字化设计，基于电流确定无功补偿的三相工业节电器，只需根据实际测出的工作电流读数即可确定相应电容的无功功率补偿量，而无须测量用电设备的瞬时电压值（由于工业电网电压变化幅度一般不超过 10V，故可假定电压值为一个定值）。并且，电容的无功补偿在电动机的有功功率刚开始下降时就开始，能迅速补够足量的无功功率，同时回收剩余有功电量。由于自动限流补偿控制器中采用了高速计算芯片作为控制单元，能在很短的时间内完成运算、处理和控制过程，实现对无功功率的迅速补偿和回收剩余有功电量，能对瞬流进行抑制、滤除谐波，从而实现节电。

4. 行业评价

2013 年 3 月，经广西壮族自治区质量监督检验院检验，产品节电率可达 13.2%~70.4%（报告编号：D08-000106）。

2013 年 3 月 26 日，广西壮族自治区科学技术厅组织专家对基于电流确定无功补偿的三相工业节电器技术进行了科技成果鉴定（桂科鉴字〔2013〕第 91 号）。鉴定专家一致认为：在电动机负载率为 0~50% 的情况下，节电率达 13.2%~70.4%，该产品具有体积小、造价低、节电效果好、安装方便等特点。研究成果达到国际先进水平。

2016 年 6 月 27 日，中国高科技产业化研究会在北京组织专家召开了基于电流确定无功补偿的三相工业节电器技术科技成果评价会（成果登记号：中高科评字〔2016〕第 556 号）。评价结论表示：该产品具有体积小、造价低、节电效果好、安装方便等特点，经济、社会效益显著，应用前景广阔。达到国际先进水平。

2016 年 7 月，通过国家电控配电设备质量监督检验中心的检测，节电率达 13.4%~71.3%（报告编号：〔2016〕WT381），成为我国第一家通过国家电控配电质量监督检验中心检验的高水平节电器产品，节电率大大超越了国际一些知名品牌的节电产品（节电率 10%~30%）。

2017 年 11 月，入围工业和信息化部《国家工业节能技术装备推荐目录（2017）》和《国家工业节能技术应用案例与指南（2017）》；2017 年 1 月，入选中国质量认证中心《国务院国管局节能产品推广目录》；2017 年 2 月，荣获中国电子节能技术协会颁发的《全国电子节能重点推荐产品技术》证书；2017 年 10 月，获准入选《国家商务部流通领域节能推广目录》；2018 年 12 月，荣获中国电子节能技术协会颁发的《全国电子节能环保优秀推荐产品技术》证书。

5. 推广情况

（1）技术应用的节能潜力　基于电流确定无功补偿的三相工业节电器产品可以广泛地应用于 380V 低压三相交流电动机节能技术改造，市场前景广阔。2011 年 12 月 28 日，南宁恒安节电电子科技有限公司技术人员在来宾华锡冶炼有限公司环保车间洗涤塔循环泵（M18）55kW 电动机上安装了一台"好安节电"40S 的节电器，按照节约有功电能的数据计算，一年可节约有功电能 103680kW·h，按当地工业电价 0.50 元/kW·h 计算，一年可节省电费 103680kW·h×0.50 元/(kW·h)= 5.184 万元。按照今后 5 年在全国 5 万台 55kW 的低压电动机上安装"好安节电"40S 的节电器计算，可节约有功电能 5.19×10⁹kW·h，折合标煤 1770 万 tce，减排 $CO_2$4907 万 t。

（2）推广该技术的支撑措施　新建项目应在设计阶段，将该技术和用电设备的节电改造一起考虑在内，用电设备需要达到国家有关部门规定的节能减排标准才能验收合格并投入使用。同时，建议企业节能减排管理部门制定可操作的节能改造计划和下达具体任务指标，节约国家能源，节约企业成本。

8.5.2 工程案例

1. 案例一：广西大都混凝土集团有限公司混凝土搅拌生产线改造项目

（1）改造前能耗情况 广西大都混凝土集团有限公司的 5 号和 6 号生产线的主搅拌电动机和 1 号与 2 号生产线的主搅拌电动机改造前用能情况如下：

5 号线（5 号线和 6 号线相同）：

六车成品料总体积为 $54m^3$，总耗电量为 $20kW \cdot h$。

成品料消耗有功电量：$20kW \cdot h/54m^3 = 0.3703kW \cdot h/m^3$。

2 号线（1 号线和 2 号线相同）：

六车成品料总体积为 $58m^3$，总耗电量为 $16kW \cdot h$。

成品料消耗有功电量：$16kW \cdot h/58m^3 = 0.2758kW \cdot h/m^3$。

（2）改造内容及周期 对广西大都混凝土集团有限公司 1 号和 2 号生产线 4 台 55kW 的主搅拌电动机（低压高效率三相异步电动机），分别安装了 20S 的"好安节电"系列节电器；对 5 号和 6 号生产线 4 台 55kW 的主搅拌电动机（普通低压三相交流电动机），分别安装 40S 的"好安节电"系列节电器。

改造周期 7 天。

（3）节能减排量核算

5 号线：

六车成品料总体积为 $51m^3$，总耗电量为 $12kW \cdot h$。

成品料消耗有功电量：$12kW \cdot h/51m^3 = 0.2352kW \cdot h/m^3$。

每立方米成品料总有功电量节约量：$0.3703kW \cdot h/m^3 - 0.2352kW \cdot h/m^3 = 0.1351kW \cdot h/m^3$。

一年生产 40 万 m^3 成品料，则一年节省有功电量：$0.1351kW \cdot h/m^3 \times 40$ 万 $m^3 \approx 5.40$ 万 $kW \cdot h$。

折合标煤：5.40 万 $kW \cdot h \times 0.00034tce/kW \cdot h = 18.36tce$。

2 号线:

六车成品料总体积为 50.4m^3, 总耗电量为 12kW·h。

成品料消耗有功电量: 12kW·h÷50.4m^3=0.2380kW·h/m^3。

每立方米成品料总有功电量节约量: 0.2758kW·h/m^3-0.2380 kW·h/m^3=0.0378kW·h/m^3。

一年生产 42 万 m^3 成品料, 则一年节省有功电量: 0.0378kW·h/m^3× 42 万 m^3≈1.59 万 kW·h。

折合标煤: 1.59 万 kW·h×0.00034tce/(kW·h)≈5.41tce。

所以整个项目共节约: (18.36+5.41)tce/a×2=47.54tce/a。

按照当地工业用电价格 0.71 元/(kW·h) 计算, 一年可节约电费: (5.40+1.59) 万 kW·h×2×0.71 元/(kW·h)≈9.93 万元。

CO_2 减排量: 47.54tce/a×2.7725t/tce=131.80t/a。

(4) 投资回收期 项目总投资为 8 万元, 改造后每年可节约电费 9.93 万元, 投资回收期为 10 个月。

2. 案例二: 南宁市日佳印务有限责任公司电动机改造项目

(1) 改造前能耗情况 南宁市日佳印务有限责任公司一条装订线装订每千本书籍耗电量为 4.42kW·h。

(2) 改造内容及周期 对南宁市日佳印务有限责任公司的装订设备进行节电改造, 安装使用节电器 16S1 台、20S 1 台, 改造周期三天。

(3) 节能减排量核算 改造后装订每千本书籍耗电量为 3.02kW·h。按每小时装订书籍 5000 本, 一年工作 300 天, 每天工作 16h 计算。

每年可节电: [(4.42-3.02)kW·h/1000]×5000×300×16=3.36 万 kW·h。

折合标煤: 3.36 万 kW·h/a×0.00034tce/(kW·h)≈11.42tce/a。

CO_2 减排量 11.42tce/a×2.7725t/tce≈31.66t/a。

按照当地工业用电 0.805 元/(kW·h) 计算, 一年节约: 3.36 万 kW·h×0.805 元/(kW·h)≈2.70 万元。

(4) 投资回收期 项目总投资 3.2 万元, 改造后每年可节约电费

2.70 万元，则投资回收期为 14 个月。

8.5.3 技术提供企业信息

1. 企业简介

南宁恒安节电电子科技有限公司于 2007 年 6 月 25 日注册成立，由南宁市工商行政管理局颁发企业法人营业执照，注册号 91450100662141830E；注册资本：人民币 500 万元；法定代表人（技术联系人）：甘书家；公司所在地：广西南宁市白沙大道 35 号南国花园商城 B5-2 号。该公司 2016 年全年销售产品 13621 台，2017 年全年销售 16817 台，2018 年全年销售 18223 台，2019 年全年销售 19500 台。该公司是有限责任公司，公司经营范围：电子产品、节电产品的研究、开发及技术服务、计算机软、硬件及辅助设备的销售。

南宁恒安节电电子科技有限公司承担完成国家科技部科技型中小企业技术创新基金管理中心下达的"基于电流读数确定补偿无功功率的三相工业节电器开发"的创新项目。

南宁恒安节电电子科技有限公司是一家集科研、开发、生产、销售为一体的专业化的高科技节电器产品的企业。作为专业节电器生产商和供应服务商，公司将专注于为客户提供具有高科技含量、质量保证、价格合理的节电优质产品和服务。"好安节电"产品质量由中国平安保险公司全程跟踪保险，该公司做出两年内有质量问题免费维修、终身服务的保证。节电器的设计使用寿命 15 年左右，大部分企业使用好安节电器，一年内都可以收回成本。"好安节电"产品还能滤出外部电网产生的瞬流、浪涌、谐波等电能污染，避免用电设备损坏，保护设备，延长设备的使用寿命，为企业大大节约了设备投资成本。2007 年，南宁恒安节电电子科技有限公司将公司珍贵的节电核心数据进行周密的数字化设计，集合成可自动识别并自动调节电压的电网高效能优化智能分析软件，并向国家申请了技术专利。2007 年，国家专利总局正式批准了 ZL200720079944.8 和 ZL200720082645.X 两项专利。

同年，"好安节电"系列节电器被评为中国能源战略高层论坛"优秀科技创新项目""中国节电器制造十大著名品牌"，南宁恒安节电电子科技有限公司被评为"中国节电器制造 10 强企业""中国科技创新100 强中小企业"。

2. 技术负责人及联系方式

联系人：陈程

联系电话：18877168818

企业网址：www.hajdw.cn

附　录

附录A　《国家工业节能技术装备推荐目录（2017）》技术部分

一、工业节能技术部分

（一）重点行业节能改造技术

序号	技术名称	技术介绍	适用范围	目前推广比例	未来5年节能潜力	
					预计推广比例	节能能力/（万tce/a）
1	串联式连续球磨机及球磨工艺	采用陶瓷原料预处理系统对原料进行分类破碎，使进入串联式连续球磨机的物料粒度控制在3mm以下，改善物料的易磨性；采用高压电动机齿轮传动，减少电损耗，通过一组串联的连续球磨机实现陶瓷原料连续式生产工艺，从而提高球磨系统的能效	适用于建材行业原料球磨工艺	1%	10%	7.26
2	大规格陶瓷薄板生产技术及装备	采用万吨级自动液压压砖机将陶瓷原料压制成陶瓷薄板坯体，装饰表面后，在超宽体节能辊道窑中烧制成型再经抛光线深加工后包装成型	适用于建材行业陶瓷砖的生产加工	1%	11%	300

（续）

序号	技术名称	技术介绍	适用范围	目前推广比例	未来5年节能潜力	
					预计推广比例	节能能力/（万tce/a）
3	节能隔声真空玻璃技术	利用保温瓶原理和显像管技术，将平板玻璃与Low-E玻璃四周熔封，中间用微小物支撑，间隔0.1～0.2mm，将间隙抽真空达到10^{-4}Pa，实现了良好的保温绝热和隔声功能	适用于光伏建筑领域隔冷热隔声玻璃的生产加工	1%	5%	12
4	磁铁矿用高压辊磨机选矿技术	采用高压辊磨机工艺，将矿石反复破碎和磁选并不断将粗粒尾矿排出，最终将矿石破碎到1mm以下。颗粒尾矿则以废石的形式堆存，提高堆存的稳定可靠性，大幅减少安全隐患	适用于超贫磁铁矿和贫磁铁矿选矿领域	10%	30%	280
5	陶瓷纳米纤维保温技术	陶瓷纳米纤维保温技术是以玻璃纤维和陶瓷纤维等多种纤维为骨架，采用胶体法和超临界干燥化工艺将陶瓷材料制备成为纳米级纤维，粒径小于40mm的陶瓷粉体占98%以上，形成真空结构，从而绝冷热保温	适用于保温保冷绝热工程领域	1%	10%	132
6	碳纤维复合材料耐腐蚀泵节能技术	泵体、叶轮均采用碳纤维增强树脂基材料，材料的强度高、重量轻，可实现更好的水力成型，更低的固化成型温度，更好的耐蚀性及更好的使用寿命，叶轮表面质量高、同心度好，减少了泵内介质对泵体、叶轮的运行阻力，采用6叶片设计，大幅度提升干效率	适用于还原性腐蚀性介质的输送领域	3%	20%	8.85

（续）

序号	技术名称	技术介绍	适用范围	目前推广比例	未来5年节能潜力	
					预计推广比例	节能能力/（万tce/a）
7	高效降膜式蒸发设备节能技术	高效降膜式蒸发器（再沸器）管箱采用单级或多级结构的液体分布盘，使液位更稳定，液体分布更均匀。采用旋流式分布器定位均匀换热管内偏流、干点等现象，保证了液膜的稳定、均匀分布。换热管可采用光管，也可采用外表面纵槽管，管外也可以传热强化	适用于化工行业乙二醇、乙醇胺、己内酰胺、聚碳酸脂、腈纶、氯碱等的生产	5%	30%	31.2
8	含纳米添加剂的节能环保润滑油	润滑油中的纳米添加剂具有极佳的自动填充修复功能（填充凹凸不平金属表面），可降低发动机摩擦系数，减少功率内耗，增大有效功率，还可增强发动机气缸密封性，使燃烧更为充分，发动机额定功率得以充分发挥	适用于润滑油性能优化	2%	10%	172
9	蓄热式电石生产新工艺	通过耦合预热炉热解技术和电石生产技术，提高电石生产速率，提高经济性；采用高效热解技术提取中低阶煤中的油气产品，热解产生的高温固体球团携带显热直接输送至电石炉，充分利用热解固体的显热，降低电石生产的电耗	适用于电石生产行业	11.6%	36%	470

（续）

序号	技术名称	技术介绍	适用范围	目前推广比例	未来5年节能潜力	
					预计推广比例	节能能力/（万 tce/a）
10	热风炉优化控制技术	通过采集处理温度、流量、压力和阀位等工艺参数，建立各热风炉炉况、化和烧炉工艺特点数据库，利用模糊控制、人工智能最佳空燃比、适时判断不同的参数变化等控制技术，自动计算出最佳空燃比，配合人机界面和参数据库对燃炉控制参数进行修改维护，实现烧炉全过程（强化燃烧、蓄热期和减烧期）自动优化控制	适用于钢铁行业高炉热风炉的优化控制	3%	10%	141
11	焦炉上升管荒煤气显热回收利用技术	通过上升管热交换器结构设计，采用纳米导热材料导热和焦油附着，采用耐高温耐腐蚀合金材料防止荒煤气腐蚀，采用特殊的几何结构保证换热和稳定运行有机结合，将焦炉荒煤气利用上升管热交换器和除盐水进行热交换，产生饱和蒸汽，将荒煤气的部分显热回收利用	适用于钢铁、冶金、焦化行业焦炉荒煤气余热热利用	1%	35%	185
12	绿色预焙阳极焙烧节能改造技术	应用新型节能耐温燃烧器，焙烧炉专用节能密封火孔盖，采用焙烧火道墙的离线式砌筑方法和焙烧炉自动优化焙烧技术，从而达到优化预焙阳极焙烧曲线，降低阳极天然气单耗的目的	适用于预焙阳极炭素生产工艺	7.7%	20%	5.17

（续）

序号	技术名称	技术介绍	适用范围	目前推广比例	未来5年节能潜力	
					预计推广比例	节能能力/(万tce/a)
13	还原炉高工频复合电源节能技术	通过高频电源参与工频电源控制系统的叠层供电控温技术，对多晶硅的生长进行影响。同时利用视觉测温应用，术在还原炉电流与电源频率系统中的实际应用，建立基于电源频率、硅棒温度、直任生长率等多参数测控的电源控制系统，实现对多晶硅还原炉的最优化控制	适用于多晶硅、单晶硅、蓝宝石等生产工艺改造	9%	35%	12.39

（二）装备系统节能技术

序号	技术名称	技术介绍	适用范围	目前推广比例	未来5年节能潜力	
					预计推广比例	节能能力/(万tce/a)
1	机床用三相电动机节电器技术	取样电动机运行"瞬时有功负荷"作为控制信号，实时监测实际负荷、自动调整有功功率，有效减少机床能耗；即："瞬态有功负荷"→大于额定功率1/2自动调整为大功率→小于额定功率1/3自动调整为小功率→循环监控调整"瞬态有功负荷"→实时调整电动机功率	适用于三相异步电动机驱动的机床设备改造	1%	4%	10.2

（续）

序号	技术名称	技术介绍	适用范围	目前推广比例	未来 5 年节能潜力	
					预计推广比例	节能能力/(万 tce/a)
2	智能电饲同服节能系统	通过接驳主电动机，取设备实时电流、电压、流量信号回传 CPU 处理器，按各工艺模拟量计算出电动机实时所需功率，从而通过 IGBT 功率模块在 0.1s 内调节电动机功率，达到按需提高节约电能	适用于压铸机、注塑机、热剪机等的节能改造	3%	5%	27.7
3	大型火电机组液耦调速电动给水泵变频改造技术	采用一体化变频调速技术，将给水泵的转速调节方式由液力耦合器调节变为变频调节，消除了液力耦合器的滑差损失，提高了给水泵泵组的效率	适用于火力发电行业发电机组给水泵节能改造	10%	25%	55.2
4	超音频感应加热技术	将工频交流电整流、滤波、逆变成 25～40kHz 的超音频交流电，从而产生交变磁场，当含铁质容器放置上面时，因切割磁力线会产生交变的电流（即涡流），从而实现含铁物质的加热，热效率可达到 95%	适用于挤出机等设备节能改造	1%	3%	2.74
5	基于电流确定无功补偿的三相工业节电器技术	利用电容器具有充、放电和贮电的特性，采用并联补偿电容器的方式，利用带有高速计算机芯片的自动限流补偿控制器对用电器进行无功补偿和有功电量剩余回收，并抑制瞬流、滤除谐波	适用于低压三相交流电动机节能改造	5%	10%	38.88

（续）

序号	技术名称	技术介绍	适用范围	目前推广比例	未来 5 年节能潜力	
					预计推广比例	节能能力/（万 tce/a）
6	基于智能控制的节能空压站系统技术	采用先进控制技术、阀门技术、工业变频技术、综合热回收技术，对压缩空气系中的空压机、冷燥设备、过滤设备、储气罐、管网阀门、终端设备等单元进行优化控制，优化压缩空气系统能量输配效率，提高空压机系统能效	适用于空压站系统节能改造	1%	5%	4
7	绕组式永磁耦合调速器技术	电动机带动绕组永磁调速装置的永磁转子旋转产生旋转磁场，绕组切割旋转磁场磁力线产生感应转电流，进而产生感应磁场，该感应磁场与旋转磁场相互作用传递转矩，通过控制器控制绕组转子的电流大小来控制其传速转矩的大小以适应转速要求，实现调速功能	适用于通用机械行业动力源节电或控制改造	1%	5%	301.35
8	空压机节能驱动一体机技术	采用卸载停机技术，自动识别并控制停机时间，减少空压机量等负载特性，从而提高能效水平卸载能耗	适用于压缩机节能改造	1%	10%	118.5
9	压缩空气系统节能优化关键技术	采用主控单元、分控单元和节能辅控单元及互联网架构技术，监测、查询，控制空压机运行信息，通过预测控制，容错控制，自学习算法，云计算数据处理等功能对空压机群进行节能控制	适用于压缩机系统节能改造	1%	10%	160

（续）

序号	技术名称	技术介绍	适用范围	目前推广比例	未来5年节能潜力	
					预计推广比例	节能能力/(万tce/a)
10	基于磁悬浮高速电动机的离心风机综合节能技术	采用磁悬浮轴承大幅度提升转速并省去传统的齿轮箱及传动机制，采用高速永磁电动机与三元流叶轮直连，实现高效率、高精度、全程可控	适用于市政污水处理等行业	1%	10%	76.8
11	磁悬浮离心式鼓风机节能技术	将磁悬浮轴承和大功率高速永磁电动机技术集成为高速永磁电动机，外加专用高速永磁电动机变频器形成高速驱动器，采用直驱结构将高速离心叶轮一体化集成，实现高速无摩擦高效悬浮旋转	适用于污水处理行业及物料输送领域	2%	20%	215
12	新能源动力电池隧道式全自动真空干燥系统节能技术	采用新能源动力电池隧道一体式干燥系统，通过高真空充氮加热干燥、冷却段与加热段之间交替能量循环利用等技术，进行能量系统优化，在一个干燥系统内完成全部干燥工序	适用于干燥设备节能改造	10%	35%	95.8
13	硝酸装置蒸汽及尾气循环能量回收利用系统技术	采用汽轮机、NO$_x$压缩机、齿轮箱、轴流压缩机和尾气透平机组的回收系统，回收硝酸氧化产生的蒸汽及尾气。通过汽轮机回收氨氧化的反应热并拖动整个机组运行，NO$_x$压缩机加压氧化炉中的氨氧化并回收NO$_2$，尾气透平回收NO$_x$吸收后的剩余能量，与汽轮机共同驱动机组，并向装置界外供蒸汽	适用于石化行业双加压法硝酸生产装置领域	5%	35%	600

（续）

序号	技术名称	技术介绍	适用范围	目前推广比例	未来5年节能潜力	
					预计推广比例	节能能力/(万tce/a)
14	烧结余热能量回收驱动技术	集成配置原有电动机驱动的烧结主抽风机和烧结余热回收发电系统，形成将烧结主抽风机的新型联合能量回收机组，同轴驱动烧结主抽风机与电动机，增加了能量转换的损失环节，最大限度回收利用烧结烟气余热。避免了能量转换的损失环节，最大限度回收利用烧结烟气余热	适用于冶金领域烧结余热能量回收	10%	35%	112
15	干式高炉煤气能量回收透平装置技术	利用高炉炉顶煤气的余压余热，采用干式煤气透平膨胀机，把煤气引入透平能，驱动发电机发电，充分利用高炉煤气原有的热能和压力能，最大限度地利用煤气的余压余热进行发电	适用钢铁行业高炉煤气余压余热发电	10%	35%	100
16	基于液力透平装置的化工冗余能量回收技术	采用创新泵反转技术回收高压介质富余能量，通过设计外壳、导叶、多级能量回收部件等结构，将高压液体的剩余压力能转化为动能，实现能量的回收利用；通过透平与超越离合器等组合回收机械能，并驱动电动机带动负载泵，形成液力透平冗余能量回收系统	适用于石油化工、海水淡化等流程工艺中产生的高压液体能量回收	5%	30%	81.2

（续）

序号	技术名称	技术介绍	适用范围	目前推广比例	未来5年节能潜力	
					预计推广比例	节能能力/（万tce/a）
17	旧电机永磁化再制造技术	通过对永磁体进行励磁，使电动机的三相定子绕组产生以同步转速推动的旋转磁场，驱动电动机旋转并进行能量转换，降低电动机运转时的损耗；采用高功率因数减小定子电流，定子绕组电阻损耗较小，进一步提高效率，实现节能	适用于Y系列三相异步电动机永磁化改造	1%	2%	214.2

（三）煤炭高效清洁利用技术

序号	技术名称	技术介绍	适用范围	目前推广比例	未来5年节能潜力	
					预计推广比例	节能能力/（万tce/a）
1	余热锅炉动态补燃技术	利用现场工况可以提供的其他燃料（如炼钢企业高炉煤气）通过烟气发生装置产生高温烟气与烧结余热烟气进行均匀混合换热，通过对烟气流量、温度的监控调节，实现余热锅炉和发电系统热力参数数字化及动态特性优化	适用于工业余热热锅炉行业节能改造	2%	10%	100

（续）

序号	技术名称	技术介绍	适用范围	目前推广比例	未来5年节能潜力	
					预计推广比例	节能能力/（万tce/a）
2	工业锅炉高效低NO$_x$煤粉清洁燃烧技术	采用高容积热强度、高温旋风、贫氧等组合燃烧技术，使得煤粉在强还原气氛下高强度燃烧，抑制NO$_x$生成	适用于6~75t/h工业锅炉节能改造	1%	20%	207.12
3	高效超低氮燃气燃烧技术	采用集成了浓淡燃烧、分级燃烧、超级混合、三维建模和CFD仿真技术的超低氮燃烧器，配合烟气再循环系统（OFGR）、燃尽风系统实现燃气的低氧、低背压、高效燃烧	适用于燃煤、燃气工业锅炉节能减排技术改造	5%	30%	2.36
4	高效粉体工业锅炉微排放一体化系统技术	采用大炉膛粉状燃料室燃锅炉，配套精密粉体储供系统、低氮空气分级燃烧系统、余热回收系统、高效布袋除尘器，经FGR炉内脱硝、粉煤灰湿法脱硫等工艺，实现煤粉充分燃烧和烟气余热利用及净化	适用于燃煤工业锅炉节能减排技术改造	5%	20%	237.6

（四）其他节能技术

序号	技术名称	技术介绍	适用范围	目前推广比例	未来 5 年节能潜力	
					预计推广比例	节能能力 /（万 tce/a）
1	节能型水电解制氢设备技术	采用高亲水性非石棉隔膜材料和新型电极材料，使制氢系统设备小型化并有效降低电流密度，提升电压，提高了产气量；配套自动化控制系统，有效降低了电耗，从而实现节能	适用于分布式能源领域电能置换与贮存	5%	10%	2.5
2	清洁能源分布式智能供暖系统技术	采用智能软件将热供机组、热计量控制装置、用户散热装置有效关联，形成一个系统，以气温和室温变化为指令，自动控制供热系统，实现供热系统动态化、智能管理，从而达到系统节能	适用于建筑、楼宇等供暖	1%	10%	353.9
3	数据中心用 DLC 浸没式液冷技术	将服务器等 IT 设备放置于定制的液冷机柜中，机柜内注满绝缘无毒的冷却液，经冷却液和冷水两个冷循环系统，采用热交换器将器热量送至室外冷却塔，降低数据中心 IT 运行发热，完全利用自然冷源，直接大幅降低数据中心冷却系统能耗	适用于电子信息行业数据中心 IT 设备的冷却	1%	20%	20

（续）

序号	技术名称	技术介绍	适用范围	目前推广比例	未来5年节能潜力	
					预计推广比例	节能能力/（万tce/a）
4	导光管日光照明系统技术	通过室外的采光装置捕获和收集阳光，并将其导入密闭、保温、隔热的系统内部，经过高传导性能的导光管传输，最后由底部的精密漫射器将滤掉紫外线的光线均匀照射到室内	适用于工业照明领域车间厂房、场馆仓库等照明	5%	20%	662.9
5	秸秆清洁制浆及其废液资源化利用技术	针对秸秆纤维特点，通过锤式备料、机械疏解-氧脱木素工艺，实现木素高效脱除，降低黑液黏度并提高废液提取率，形成适于秸秆的本色纸浆及纸制品制造技术；制浆产生的黑液经蒸发浓缩，喷浆造粒工艺生产黄腐酸有机肥，实现废液的资源化利用和秸秆科学还田	适用于农作物秸秆节能减排及综合利用	8.8%	20%	306

附录 B 《国家工业节能技术装备推荐目录（2018）》技术部分

一、工业节能技术部分

（一）重点行业节能改造技术

序号	技术名称	技术介绍	适用范围	目前推广比例	未来 5 年节能潜力	
					预计推广比例	节能能力/（万tce/a）
1	煤气透平与电动机同轴驱动的高炉鼓风能量回收技术（BPRT）	将两台旋转机械装置组合成一台机组，用煤气透平直接驱动高炉鼓风机，在向高炉供风的同时回收煤气余压余热。该技术将回收的能量直接补充到轴系上，避免了能量转换的损失；兼备两套机组的功能并有所简化，取消了发电机、合并了自控、润滑油、动力油等系统，有效提高了装置效率	适用于高炉鼓风与余压能量回收领域	10%	50%	90
2	基于标准朗肯循环的低沸点工质透平热电联供机组的低品位余热发电技术	采用低低沸点的有机工质进行朗肯循环，通过利用低品位余热，形成高温高压的有机工质蒸汽，推动透平机膨胀做功，驱动发电机发电，实现热-电-冷三联供，实现不稳定热源及低品位余热源的综合利用	适用于低品位余热利用领域	6%	30%	23.1

（续）

序号	技术名称	技术介绍	适用范围	目前推广比例	未来5年节能潜力	
					预计推广比例	节能能力/（万tce/a）
3	钼精矿自热式焙烧工艺及其装置	将自然空气通过内置换热装置对物料反应高温区进行降温，换热后的自然空气用于窑内焙烧反应，使钼精矿氧化焙烧更充分，提高焙烧产量和质量，实现不依赖外热源供热完成焙烧全过程	适用于冶金行业	10%	50%	33.1
4	高效油液离心分离技术	采用物理分离法进行油液分离，当混合油液进入转鼓后，随转鼓高速旋转，因固相、重液相、轻液相密度不同，产生不同的离心惯性力，离心力大的固相颗粒沉积在转鼓内壁上，液相则根据密度梯度自然分层，然后分别从各自的出口排出，实现分离净化，分离过程无耗材，无滤芯、低功率、无须加热、零热耗	适用于工业行业油液分离领域	10%	30%	13.9
5	潜油直驱螺杆泵举升采油技术	将永磁同步伺服电动机、保护器、螺杆泵组成一套装置安装在油井最下部，原油进入螺杆泵转动，通过永磁同步伺服电动机直接驱动螺杆泵转动，产生强大挤力，将原油沿油管举升出井口，无须抽油杆、机械减速装置，实现高效采油	适用于石油行业节能技术改造	1%	20%	4.6

（续）

序号	技术名称	技术介绍	适用范围	目前推广比例	未来5年节能潜力	
					预计推广比例	节能能力/（万tce/a）
6	陶瓷原料干法制粉技术	采用"粗→细、干→干"工艺，将原材料进行干法粉碎和细磨，之后将细粉料与水混合完成增湿造粒，过湿的粉料再经干燥、筛分和闷料（陈腐），制备成干压成形用粉料，相对湿法制粉减少了用水、用电，节能效果明显	适用于建材行业陶瓷原料制备领域	1%	10%	223
7	加热炉烟气低温余热回收技术	利用高效、低阻、耐腐蚀的换热设备，利用循环水与低温烟气进行热交换，降低加热炉烟气温度，获得高温热水，并用于工业生产，提高整体热利用效率	适用于燃气工业加热炉节能技术改造	3%	20%	21.9
8	冷却塔水蒸气深度回收节能技术	采用由并联间隔通道（冷空气道和湿热空气道，中间由间壁隔开）和换热板组成的蒸汽凝结水回收装置，回收冷却塔水蒸气的热量和凝结水。回收的凝结水继续进入循环水设备参与冷却工序，回收的热量用于消除冷却塔白雾，省去了传统电加热消除白雾的能耗，同时减少了水蒸气的耗散	适用于冷却塔的节能技术改造	5%	20%	6.3

（续）

序号	技术名称	技术介绍	适用范围	目前推广比例	未来5年节能潜力	
					预计推广比例	节能能力/(万tce/a)
9	耐高压自密封旋转补偿技术	采用旋转补偿器、弯头及短管组成管道用自密封旋转补偿装置，无须增加管材和弯头补偿距离，减少了补偿器、弯头及管材的使用，节约了能源的消耗。同时，有效克服热胀冷缩产生的二次应力，避免管道产生蠕变，延长使用寿命	适用于蒸汽管道、输油、输气管道等的节能技术改造	10%	30%	1.5
10	新型纳米涂层上升管换热技术	上升管内壁涂覆纳米自洁材料，在荒煤气高温下内表面形成均匀光滑而又坚固的釉面，焦炉荒煤气与上升管内壁换热时，难以凝结煤焦油和石墨、高效回收荒煤气余热，并实现管内壁自清洁	适用于钢铁焦化行业余热、余能利用领域	10%	50%	57.7
11	水泥窑大温差交叉料流预热预分解系统工艺技术	根据预热器系统废气和物料温度不同的特点，按照牛顿冷却定律，通过旋风筒下料管对物料进行再分配，形成比原换热单元更大的气固温差，实现大温差高效换热。同时，分解炉采用多级料气喷旋叠加和出料再循环技术，提高预热预分解效能，提升预热器粉煤燃烧和生料分解系统整体效率	适应于水泥窑预热预分解热系统提产、节能、降耗技术改造	1%	10%	52.6

（续）

序号	技术名称	技术介绍	适用范围	目前推广比例	未来5年节能潜力	
					预计推广比例	节能能力/(万tce/a)
12	干法高强陶瓷研磨体制备及应用技术	采用高转化率、小粒径、低钠含量的煅烧阿尔法氧化铝替代铬钢球应用于研磨装备，降低磨结温度、减少粉磨系统的电耗，避免了钢球生产工艺过程中的铬污染问题	适用于干法非金属矿物研磨领域	10%	30%	9.4
13	纳米微孔绝热保温技术	将多孔纳米二氧化硅复合纳米材料、金属箔、金属粉、有机和无机纤维作为主要绝热材料和补强材料，以互穿网络聚合物作为主要结合剂制成保温涂布，提高绝热效率、耐压强度和隔声效果	适用于保温保冷绝热工程领域	3%	20%	66.4

（二）重点用能设备系统节能技术

序号	技术名称	技术介绍	适用范围	目前推广比例	未来5年节能潜力	
					预计推广比例	节能能力/(万tce/a)
1	空冷岛风机用低速直驱永磁电动机技术	使用低速永磁电动机取代风机所使用的异步电动机和减速机，直接与风机进行连接，中间无齿轮箱，简化了传动链，并通过变频器的矢量控制实现调速，提高了风机驱动系统的效率	适用于电力行业空冷岛风机驱动	5%	30%	2.1

工业节能技术及应用案例

（续）

序号	技术名称	技术介绍	适用范围	目前推广比例	未来5年节能潜力	
					预计推广比例	节能能力 /（万tce/a）
2	宽温区冷热联供耦合集成系统技术	采用冷凝热全热热泵回收、冷-热系统间热量优化匹配、热水升温闪蒸、水蒸气增压、自动控制等技术，提升低温制冷系统能以及低品位冷凝废热回收利用，实现宽广温区范围内（-50~200℃）的冷热联供、水汽同制	适用于工业及商业领域的制冷及空调设备	1%	30%	31.8
3	永磁阻垢缓蚀节能技术	在强磁条件下让流体经过磁力线切割，增强流体活性并使其小分子团化，改变了多相流材料分子的结合态，阻止了流体中钙、镁离子等杂质合成为结晶类硬垢或蜡垢，实现了流体在无阻垢中运行，达到节能效果	适用于工业、民用、军用管道	10%	35%	39
4	套筒式永磁调速节能技术	由导体转子、永磁转子和调节器组成套筒式永磁调速器，永磁转子和导体转子通过改变气隙传递转矩，调节器通过改变永磁转子与导体转子之间的啮合面积，实现平稳起动、过载或堵转保护以及调速，减小了振动和噪声，提高电动机系统效率	适用于离心式风机、压缩机、泵类设备的调速节能	1%	5%	79.9

序号	技术名称	技术介绍	适用范围	目前推广比例	未来5年节能潜力	
					预计推广比例	节能能力/（万tce/a）
5	机械磨损陶瓷合金自动修复技术	将陶瓷合金粉末加入润滑油（脂），在摩擦润滑的过程中陶瓷合金粉末与基体金属发生机械力化学反应，自动生成具有高硬度、高表面质量、低摩擦系数、耐磨、耐腐蚀等特点的陶瓷合金层，实现设备的机械磨损修复与高效运转	适用于所有使用润滑油（脂）的机械设备	<1%	15%	55.5
6	全预混冷凝燃气热水锅炉节能技术	采用全预混进气燃烧技术保持精确的空气和燃气比例，确保完全燃烧；集成冷凝热交换器，通过回水与烟气的逆向流动，充分吸收高温烟气中的显热和水蒸气凝结后的潜热，对供热温度、时段进行精确的宽功率调节比控制，提高锅炉热效率，降低了有害气体的排放	适用于燃气家用锅炉、工商用锅炉等	10%	50%	105.4
7	永磁涡流柔性传动节能技术	应用永磁材料所产生的磁力作用，完成力或力矩无接触传递，实现能量的空中传递。以气隙的方式取代以往电动机与负载之间的物理连接，改变了传动连接原理，在满足安全可靠的基础上实现了传动系统的节能降耗	适用于电动机传动系统节能改造	1%	8%	120

（续）

序号	技术名称	技术介绍	适用范围	目前推广比例	未来5年节能潜力	
					预计推广比例	节能能力/（万tce/a）
8	高温气源热泵烘干系统节能技术	利用热泵机组从空气中提取热量，制取烘干加热热风，替代传统烘干系统中电加热器或燃料加热器，实现节能的效果	适用于涂装业的钣金烘干、餐具烘干等	10%	30%	15
9	单机双级螺杆型空气源热泵机组节能技术	采用单机双级螺杆压缩技术，使压缩机内容积产生周期性的变化，完成制冷剂气体的吸入、压缩和排出，实现不同高低压级间的互换，并通过与实际工况合理搭配排量比，达到机组最优运行状态	适用于煤改电、北方地区冬季集中供热、农产品烘干等领域	10%	35%	39.1
10	集中供气（压缩空气）系统节能技术	通过汽轮机驱动大型离心式空压机，改变传统的电动机驱动方式，并配置数台电动离心式空压站系统来替代工业园区内原有单一的、分散的小型空压站系统，实现按需高效供气	适用于具有压缩空气需求的工业园区	19%	40%	2.8
11	卧式油冷水磁调速器技术	采用永磁调速器技术，通过调节从动转子与主动转子所处位置的磁场大小，进而控制电动机转速与输出转矩。可取代风机、水泵等电动机系统中控制流量和压力的阀门或风门挡板，实现高效调速	适用于大功率负载设备节能调速	1%	5%	3.5

（续）

序号	技术名称	技术介绍	适用范围	目前推广比例	未来 5 年节能潜力	
					预计推广比例	节能能力 /（万 tce/a）
12	模块化超低氮直流蒸汽热源机技术	优化设计提高了蒸汽发生速度，降低热能的损耗；采用模块化设计，通过智能控制，根据用汽在不同负荷范围内的输出，实现蒸汽大小自动进行档位数组调节；采用浓淡型低氮燃烧技术，有效降低燃烧温度，降低热力型氮氧化合物的产生	适用于工业供热	<1%	5%	7.5
13	燃气预热退火技术	采用无明火式加热结构及炉体侧密封压紧装置，使设备在无振动条件下保持良好的密封，保证了炉体内的温度以及炉温的均匀性生产运行，降低了工艺的热损耗	适用于热处理工艺节能改造	10%	35%	15.6

（三）煤炭高效清洁利用技术

序号	技术名称	技术介绍	适用范围	目前推广比例	未来 5 年节能潜力	
					预计推广比例	节能能力 /（万 tce/a）
1	高效大型水煤浆气化技术	将一定浓度的水煤浆与高压氧气通过四个在同一水平面的工艺烧嘴对喷进入气化炉，经过一系列物理和化学过程后形成以 CO、H_2 为主的煤气及灰渣。产生的合成气经分级净化达到后续工段的要求，同时采用换热式直接换水处理系统	适用于化工行业、煤制合成气	10%	15%	162.3

（续）

序号	技术名称	技术介绍	适用范围	目前推广比例	预计推广比例	节能能力/（万tce/a）
					未来5年节能潜力	
2	工业锅炉通用智能优化控制技术（BCS）	采用先进的软测量、过程优化控制、故障诊断与自愈控制、大系统协调优化、智能软件接口、企业级大数据挖掘、神经网络预测控制等技术实现锅炉（窑炉）装置的安全、稳定与经济运行	适用于各种工业锅炉和工业窑炉	1%	30%	200
3	基于吸收式换热的热电联产集中供热技术	以溴化锂溶液为媒介，以高温热源为驱动源，将低温热源热量转移至高温热源的一种逆卡诺装置，可应用于供热系统传热过程中形成的温差作为驱动源，回收热电联产余热	适用于热电联产热回收	10%	30%	236
4	水煤浆高效洁净燃烧技术	通过绝热高效旋风分离器和返料装置，提高了煤体物料的利用率，减少了煤体物料的补充量，提高了燃烧效率；通过煤体物料的循环降低床温，进一步提高水煤浆燃烬率	适用于煤炭高效清洁利用改造	3.14%	5.8%	182
5	商用炉具余热利用系统技术	利用翅片换热等技术回收商用炉灶排出的高温废气热量，并用于加热冷水获得高温热水，减少热水设备的一次能源消耗	适用于商用炉具余热利用改造	1%	15%	20.8

序号	技术名称	技术介绍	适用范围	目前推广比例	未来5年节能潜力	
					预计推广比例	节能能力/（万 tce/a）
6	高效节能燃烧器技术	燃气在一定的压力下，以一定的流速从阀体喷嘴流出，在进入燃烧器时靠本身的能量吸入一次空气并混合，然后经火盖火孔流出，使得燃烧更加充分，提高了燃气灶的热效率	适用于燃气灶节能改造	15%	50%	11.8

（四）其他节能技术

序号	技术名称	技术介绍	适用范围	目前推广比例	未来5年节能潜力	
					预计推广比例	节能能力/（万 tce/a）
1	染色工艺系统节能技术	以"筒子纱数字化自动染色成套技术与装备"为技术基础，创新研究浸堆染色工艺，升级关键研究关键装备及中央控制系统、MES、EPR系统等，实现从原纱到色纱成品全流程的绿色化、数字化和智能化生产	适用于纺织印染工艺节能改造	1%	5%	178
2	石墨烯电暖器与太阳能辅助供暖系统技术	基于CVD法制备石墨烯膜，与PET复合成石墨烯发热膜组，在此基础上与传统水暖有机结合形成石墨烯复合电暖、热交换器，合理配置太阳能集热装置，实现石墨烯集热装置与太阳能辅热供暖的互补供暖	适用于供暖系统节能改造	<1%	10%	19.8

（续）

序号	技术名称	技术介绍	适用范围	目前推广比例	未来5年节能潜力	
					预计推广比例	节能能力/（万tce/a）
3	基于能耗在线检测和电磁补偿作用的用电保护节能技术	采用多绕组环型交叉互连特殊制造技术，将大部分高次谐波各相电流相互抵消或吸收，并转化为磁能，再由补偿绕组同步将转化后的电流补偿给负载端，从而降低负载因涡流、谐波分量电能损耗	适用于配电系统节能改造	10%	20%	7.2
4	浅层地热能同井回灌技术	采用浅层地热能同井转换装置，将水中携带的低品位地热交换给热泵系统，换热后的地下水通过原井回灌到井周围的土壤中，并与土壤进行二次热交换，充分利用地热能量，实现持续、恒定地供应制冷、制热所需的能量	适用于工厂、住宅、办公楼、学校、宾馆、医院等各个领域	2%	20%	45
5	AI能源管理系统	通过能源系统采集数据并进行自动控制或远程操作，根据室外温度和作息时间独立调整每一个设备的运行情况，达到分时分区控制的功能，实现自动气候补偿，做到冷热量分配均匀、实现按需供冷、供热的需要	适用于能源管理系统改造	1%	10%	82

（续）

序号	技术名称	技术介绍	适用范围	目前推广比例	未来5年节能潜力	
					预计推广比例	节能能力/（万tce/a）
6	工业用复叠式热功转换制热技术	采用多级换热技术，工艺废水和新水经前效和后效换热，废水温度可由80℃降至30℃以下，然后再通过中间介质使用高效热泵技术进行进一步的热量回收，最终废水排放温度达到20~25℃，新水温度达到65~75℃，系统能效比可达到15以上	适用于污水处理节能改造	1%	5%	7.2
7	低浴比染色机系统节能技术	采用可调流调压智能喷嘴系统，防褶痕智能控制横向后摆布技术，快速匀色横向染液循环系统，SOR智能精准在线检测控制技术，低浴比环保染色水洗系统，无损高效蒸汽直加热降噪防振预备缸系统，降低染色浴比，实现高效节能环保染色	适用于纺织染色机系统节能改造	1%	5%	18.1

附录 C　本书常用系数

电力折标系数	0.340kgce/（kW·h）
汽油折标系数	1.47tce/t
柴油折标系数	1.46tce/t
标煤 CO_2 折换系数	2.7725t/tce
燃气热值（标态）	34.77MJ/m³

参 考 文 献

［1］英国石油公司（BP）. 2019 年 BP 世界能源统计年鉴［M/OL］. 68 版. 北京：英国石油公司（BP），2019.

［2］孟凡君. 现代煤化工要严控规模［EB/OL］.（2019-05-17）. http：//www. mei. net. cn/shty/201905/825352. html.

［3］机经网. 我国向着更美好的能源未来迈进 光伏大国当之无愧［EB/OL］.（2017-10-2）. http：//www. mei. net. cn/dgdq/201710/752415. html.

［4］马骥涛，黄桂田. 中国钢铁行业完全能源消耗研究［J］. 价格理论与实践，2018（04）：17-21.

［5］机经网. 我国煤炭消费量占世界一半 2015 年全国产量达 37. 5 亿吨［EB/OL］.（2016-05-25）. http：//www. mei. net. cn/zxks/201605/672859. html.

［6］中国电力企业联合会. 中国电力行业年度发展报告 2019［M］. 北京：中国社会出版社，2019.

［7］刘富爽，赵军，胡寿根. 污水处理用鼓风机的应用［J］. 净水技术. 2016，35（s2）：84-94.

［8］苏亚红. 钢铁行业余热利用现状及发展趋势［C］//第十届全国余热回收再利用技术与产业发展研讨会. 北京：中国能源环保产业协会，2014.

［9］侯环宇，田京雷，郝良元，等. 钢铁行业低温余热回收利用技术研究［C］//第十届全国能源与热工学术年会论文集. 杭州：中国金属学会能源与热工分会，2019.

［10］唐文武. 开关磁阻调速电机节能应用研究［J］. 能源与节能：2016（10）：89-90.

［11］中国报告网. 我国润滑油行业供需基本保持平衡 其中车用润滑油需求占比较大［EB/OL］.（2020-06-22）. http：//market. chinabaogao. com/huagong/0622500Q12020. html.

［12］罗礼培. 电机节能技术及其发展趋势［J］. 上海节能，2017（08）：443-450.